S

25268

L'ÉCOLE

DU

JARDIN POTAGER.

L'ÉCOLE

DU

JARDIN POTAGER,

CONTENANT la description exacte de toutes les plantes potagères, leur culture, les qualités de terre, les situations et les climats qui leur sont propres, leurs propriétés, les différens moyens de les multiplier, le tems de recueillir les graines, leur durée, etc., etc.

SUIVIE DU TRAITÉ DE LA CULTURE DES PÊCHERS ;

PAR DE COMBLES.

SIXIÈME ÉDITION, mise en ordre, enrichie de notes et d'observations, *précédée d'une Notice sur De Combles et ses ouvrages*,

Par M. LOUIS DU BOIS,

MEMBRE de plusieurs académies et sociétés agronomiques de Paris, des départemens et de l'étranger; l'un des auteurs du Cours Complet d'Agriculture, etc.

TOME PREMIER.

PARIS,

RAYNAL, Libraire, rue Pavée-St-André-des-Arts, n° 13.

———

1822.

A MONSEIGNEUR

DE MACHAULT,

CHEVALIER,

GARDE DES SCEAUX DE FRANCE,

MINISTRE D'ÉTAT,

Contrôleur-général des Finances, Commandeur et Grand-Trésorier des Ordres du Roi.

MONSEIGNEUR,

Le progrès des Arts est un des grands objets de votre Ministère, et tout ce qui leur appartient vous est soumis : c'est le premier motif qui m'engage à présenter à VOTRE GRANDEUR *l'Ouvrage que je fais paraître. Je sais, d'autre part combien tout ce qui s'annonce sous vos auspices se trouve ennobli en passant par vos mains, et c'est un bien pour le succès de l'Ouvrage que j'ai tout intérêt de désirer. Mais quel nouveau poids ne donne pas à ces premières considérations l'amour personnel que vous avez pour l'Art dont je traite! L'utilité de l'Agriculture vous est connue tout à la fois par les yeux de la saine politique, et par l'application que vous y avez donnée dans les temps que vos occupations prenaient moins sur votre loisir. Dans ces temps heureux où j'avais l'honneur quelquefois de vous approcher, j'ai reconnu sensiblement votre goût*

naturel pour les Plantes, soutenu par des connaissances acquises, et ce goût vit toujours en vous au
milieu des soins importans qui vous occupent: vous
lui ménagez encore des momens qui sont marqués
par les riches plantations dont vous ornez journellement votre belle terre d'Arnouville, où l'utile et l'a-
gréable se trouvent si parfaitement réunis. Comme
amateur, vous me permettez donc, MONSEIGNEUR,
d'espérer que vous ne dédaignerez pas ce fruit de mon
étude champêtre; et, comme Ministre zélé pour tout
ce qui intéresse le bien public, vous m'autorisez à le
mettre sous votre protection: heureux s'il peut mériter
l'approbation de VOTRE GRANDEUR, et devenir utile à
la société, en réveillant l'émulation des Citoyens pour
cette partie trop négligée de l'Agriculture!

Je suis avec un très-profond respect,

MONSEIGNEUR,

DE VOTRE GRANDEUR,

Le très-humble et très-obéissant
serviteur,

DE C***

NOTICE

SUR

DE COMBLES,

Considéré principalement comme auteur de l'Ecole du Jardin Potager, et sur la sixième édition de cet Ouvrage.

DE Combles (et non pas De Combes ou Descombes, comme plusieurs auteurs ont quelquefois écrit) naquit d'une famille noble à Lyon, vers le commencement du XVIIIe siècle. On ignore l'époque précise de sa naissance, autant que celle de sa mort et le lieu où il cessa de vivre.

Après avoir passé, au milieu de la tourmente des passions et dans le fracas des affaires, les premiers temps de sa vie; après un séjour en Italie dans le royaume de Naples, il sentit le besoin du calme qui rajeunit l'existence, de la retraite qui procure le calme, et des occupations agronomiques qui font aimer la retraite et donnent encore à l'esprit assez de mouvement pour l'empêcher de tomber dans le vague si pénible de la langueur, du dégoût et des ennuis. En effet, et c'est Cicéron qui l'a dit (1), « De toutes les choses » profitables il n'est rien qui soit plus » que l'Agriculture, excellent, productif, » agréable, digne de l'homme, et surtout » d'un homme véritablement libre. »

Ce fut dans une belle retraite qui avait appartenu à un ministre d'état, aux portes de la Capitale, que De Combles entreprit ses divers ouvrages, qui tous parurent sous le voile de l'anonyme. Lorsqu'il prit la plume, il y avait déjà bien des années, ainsi qu'il le dit lui-même (2), qu'il faisait « du jardinage l'amusement de son loisir » et la plus solide occupation de sa vie. » Il aimait ce genre de travail, il s'y abandonnait avec charme ; il voulut le connaître à fond. Livré d'abord à un jardinier routinier et présomptueux, comme le sont ordinairement les ignorans, De Combles

____

(1) Des Devoirs, L. I : chap. 43, §. 151.

(2) Préface du traité de la Culture des Pêchers, p. j.

s'aperçut bientôt qu'il était plus habile que celui dont il avait la bonhommie de recevoir les leçons : il ne tarda pas à être convaincu que l'observation sans préjugé, que dirige judicieusement une saine théorie, peut seule conduire à la science par les résultats constatés d'une expérience lumineuse.

Le premier fruit des connaissances acquises par De Combles dans les diverses parties du jardinage fut un Traité sur la Cultur des Pêchers (3), qu'il rédigea par complaisance et à la recommandation d'une personne qu'il désigne lui-même comme étant de la plus haute considération. Ce Traité ayant passé manuscrit par plusieurs mains et obtenu l'approbation des connaisseurs, De Combles se décida à le livrer à l'impression. « Si le succès de ce morceau, dit l'auteur » (4), peut répondre à mon intention, j'en

----

(3) Ce Traité, revu, corrigé et augmenté par l'auteur pour son édition de 1750, se trouve à la fin de cette réimpression des ouvrages agronomiques de De Combles. L'approbation pour la première édition est du 27 octobre 1744.

(4) Préface du Traité des Pêchers, p. v.

» donnerai successivement sur la culture des
» autres fruits et sur toutes les autres parties
» du jardinage. » Malheureusement le Traité
de la culture des Pêchers, qui parut en 1745
(Paris , Boudet , in-12), fut malgré son
mérite accueilli d'abord assez froidement :
les amateurs des jardins étaient peu nom-
breux encore. Cependant la seconde édition fut mise au jour en 1750 , revue , corrigée et augmentée ; la troisième parut en
1770 ; la quatrième et dernière est de 1802.
Toutes sont in-12. La réimpression que
nous donnons sera donc la cinquième édition de ce Traité , le premier qui ait été
publié sur cette importante partie de notre
jardinage , puisque les Observations de
Roger Schabol sur Montreuil et les pêchers
ne furent imprimées qu'en 1755 (5).

De Combles livra au public , cinq ans
après son Traité des Pêchers, son Ecole du
Jardin Potager (6) , le plus connu et le plus

(5) Journal économique : Février 1755 , p. 44 à 79.

(6) La première édition était ainsi intitulée : « l'Ecole
du Jardin Potager ou l'Art de cultiver toutes les plantes
potagères ». Dans la seconde édition l'auteur ne conserva
que la première partie de ce titre. L'approbation est
du 27 avril 1749.

recherché de ses ouvrages, production très-utile et qui n'a pas cessé d'être consultée avec fruit. On en connaît cinq éditions dont nous allons donner la date. Elles furent toutes imprimées à Paris en 2 vol. in-12. La première est de 1750; la seconde, de 1752; la troisième, de 1780; la quatrième, de 1794; et la cinquième, augmentée du Traité de la Culture des Pêchers portant la date de 1802, parut en 1807. L'édition de 1780 porte le nom de l'auteur, ainsi que les subséquentes. Ce sont de simples réimpressions, à l'exception de la dernière, qui est précédée d'un petit traité intitulé la Manière de semer en toute saison, lequel n'est pas de De Combles et fait double emploi pour les personnes qui possèdent l'ouvrage d'où il est tiré (7).

Il paraît, d'après un passage de l'Ecole du Jardin Potager (8), que De Combles avait le projet d'écrire séparément sur chaque partie du jardinage, et qu'il ne se serait pas borné au potager; il devait pu-

(7) Le Jardinier prévoyant, par M. Duchesne.

(8) Chapitre I, n° 26.

blier un traité du Poirier. Ces ouvrages, fruit d'une expérience éclairée, eussent été fort utiles. Il est bien à regretter qu'ils n'aient pas vu le jour; peut-être même n'ont-ils pas été terminés.

De Combles, qui avait beaucoup voyagé et reçu une bonne éducation, avait ajouté à la connaissance des langues anciennes celle de la langue anglaise. C'est de cette dernière qu'il fit passer dans la nôtre, 1° le *Concubitus sine Luciná* ou le plaisir sans peine, par Richard Roe, 1750, in-8° et in-12; 2° la Vie de Socrate par Cooper, 1751, in-12. Il mit au jour en 1752 les Vies d'Epicure, de Platon et de Pythagore, recueillies de différens auteurs et surtout de Diogène Laërce, Amsterdam (Paris), in-12. Tous ces ouvrages sont aussi anonymes. Des Essarts lui attribue un Eloge de Bayard, qui remporta le prix à l'Académie de Dijon en 1770, et qui fut, cette même année, imprimé in-8°.

Ce fut vraisemblablement peu de temps après cette époque que De Combles mourut. Du moins nous n'avons trouvé depuis cette année aucuns renseignemens sur cet auteur, dont le vrai titre à l'estime publique, comme son plus utile et plus durable ouvrage, est celui que nous publions ; puisque, parvenu à sa cinquième édition, on a reconnu qu'il était nécessaire d'en donner une sixième, qui probablement ne sera pas la dernière.

Il convenait de faire une amélioration importante à l'Ecole du Jardin Potager ; elle était dès long-temps reclamée par les praticiens autant que par les gens de goût, et les progrès de la science la rendaient indispensable. C'est celle que nous avons entreprise. L'ouvrage de De Combles a la forme d'un dictionnaire, c'est-à-dire que ses soixante-dix-neuf Chapitres sont, d'après leurs titres, classés par ordre alphabétique. Il résulte de cette disposition le double inconvénient pour un traité, qui doit être méthodique, que les matières homogènes sont dispersées dans un véritable désordre ; et que, pour des légumes ou des plantes du même genre, qui devraient être rapprochés, il faut passer du premier volume au second, et de la fin au commencement de l'ouvrage. De nouvelles connaissances ont été acquises, et il n'en est fait aucune mention, quoique l'auteur, à propos de son premier Traité, ayant parlé des progrès que le jardinage avait faits depuis La Quintinye, eût en quelque sorte prescrit à ses éditeurs de ne pas laisser son ouvrage en arrière de la science. Ces progrès ont, depuis De Combles, été plus rapides que pendant la période de temps qui le séparait du savant agronome auquel nous devons l'Instruction sur les jardins fruitiers et potagers (9). De Combles conseille pour la médecine l'emploi de la plupart des plantes dont il parle, et il les désigne simplement sous des noms vulgaires qui, comme on sait, varient à l'infini d'une contrée à l'autre, et peuvent, avec de grands dangers, exposer à de véritables quiproquo d'apothicaire. Nous avons, sous ce rapport encore, rendu moins imparfait le fond comme la forme de l'ouvrage. Au surplus, nous avertissons ici les lecteurs de l'Ecole

---

(9) 2 vol. in-4°; par La Quintinye qui publia en 1697 son ouvrage qui fut réimprimé en 1700, en 1715, en 1739, en 1746, et en 1775.

du Jardin Potager qu'ils doivent mettre des bornes fréquentes à leur confiance dans la vertu des simples, autrefois fort exagérée, et maintenant fort contestable pour une foule de cas où leur efficacité fut prônée avec une assurance que l'expérience n'a que rarement justifiée, et pour un petit nombre de plantes et de circonstances.

Dans l'édition que nous présentons au public, et qui a pour objet d'améliorer autant qu'il est en nous un ouvrage déjà excellent, et proclamé tel par les amateurs éclairés du jardinage, nous avons fait disparaître les inconvéniens que nous venons de signaler : les matières sont classées régulièrement ; de courtes notes complètent ou rectifient les notions inexactes présentées par De Combles ; toutes les plantes qu'il décrit sont désignées par leur nom scientifique d'après Linné.

Ainsi nous avons tâché de mettre l'Ecole du Jardin Potager au même point où l'eût fait paraître De Combles lui-même, s'il vivait encore et s'il présidait à l'édition que nous donnons.

Si ce travail est accueilli favorablement, nous avons le projet de publier, avec des notes et des additions devenues indispensables, plusieurs traités d'agriculture et d'économie rurale qu'on regrette avec raison de voir négligés, et qui, bien choisis et rendus complets, seraient préférables à beaucoup de publications récentes entreprises souvent par des hommes étrangers à l'agriculture et dépourvus d'expérience.

L'ÉCOLE

DU JARDIN

POTAGER.

CHAPITRE PREMIER.

De l'utilité et de l'agrément du Jardin potager.

1. Une maison de campagne sans jardin utile peut bien séduire les yeux par l'agrément de l'art, mais ces agrémens tout nus ne remplissent pas le cœur : c'est dans un bon potager qu'on trouve les ressources qui flattent les sens, et qui sustentent la nature ; c'est une espèce de magasin auquel on a recours tous les jours pour les besoins de la vie ; et mieux il est assorti, plus le plaisir et le profit sont grands.

2. Mais, outre l'économie qu'il y a de prendre sur soi-même tout ce qui sert journellement à la vie, outre la peine et l'incommodité qu'on évite de l'aller chercher dans les environs, quand on

ne l'a pas chez soi, quelle différence n'est-ce pas de manger un fruit cueilli sous ses yeux, et mûri à son point, comparé à un autre cueilli souvent mal à propos, et meurtri plus ou moins? Quelle différence de saveur n'ont pas des légumes et des herbages fraîchement coupés, comparés à d'autres souvent fanés et mal propres, et produits quelquefois à la faveur de quelques fumiers prohibés (*), dont la mauvaise qualité se communique aux plantes? Et pour l'amour propre, qui ne sait combien on est flatté de jouir des productions dont on se regarde comme le père? Il n'est personne qui ne sente ces vérités et n'en convienne.

3. Cependant il ne se trouve que trop de gens qui n'agissent pas conséquemment, et qui, préférant le voluptueux à l'utile, ne voudraient pas déranger une promenade, ni diminuer un cou-

---

(*) Il est défendu à tous les jardiniers et maraîchers des environs de Paris, d'employer pour leurs plantes aucun fumier de vache ou de cochon, et particulièrement les vidanges des latrines et les immondices des voiries, dont on a reconnu le mauvais effet : cependant, comme ces sortes de matières font les productions extraordinairement grosses, ceux qui se trouvent hors de la juridiction de la police, séduits par l'avantage qu'ils en retirent, ne s'en font quelquefois aucun scrupule ; et c'est aussi souvent la cause de certaines incommodités qu'on ressent après le manger. (*Note de De Combles.*)

vert, pour se donner la commodité d'un potager : d'autres, enflés de leur grandeur, méprisant tout ce qui sent l'utile, croiraient leur terre déshonorée d'y être employée : d'autres, au contraire, qui calculent mal leur intérêt, préfèrent une vigne ou un pré, à un bon légumier ; quelques autres enfin, qui sont isolés dans leur maison, sans dépendances ni terres attenantes, mais qui pourraient acquérir quelque fonds à leur bienséance pour y former un potager, sont assez peu sensibles aux avantages qu'ils en retireraient, ou les connaissent assez mal pour y être indifférens et en demeurer privés.

4. Le plus grand nombre de gens qui se piquent de bel esprit, raisonnent encore par d'autres principes, et regardent la culture des plantes en général comme une occupation basse, qui ne peut attacher et fixer que de petits génies sans talens, ou des gens asservis par leur mauvaise fortune à tirer des secours forcés de leur terre ; s'ils accordent un coin de leur terrain à quelques plantes potagères, c'est comme par violence, et ils mettent au-dessous d'eux de s'en occuper : rien n'est digne de leur affection que ce qui n'est pas commun entre eux et les autres hommes, et ils avilissent dans leur esprit l'art le plus noble, le plus utile et le plus ancien qu'il y ait.

5. Que de faux dans l'esprit humain ! Remon-

tons à l'origine de l'homme. De quoi subsista-t-il pendant le premier âge? quel fut l'ordre du Créateur en lui donnant la terre? Personne ne l'ignore : il se contentait de ses fruits littéralement pris ; il les cultivait par goût et par nécessité : affranchi des passions qui ont tyrannisé après lui les enfans qui lui ont succédé, il se trouvait riche et content de rapporter le soir à sa cabane quelques herbages ou quelques fruits dont il nourrissait sa famille. Était-il moins heureux que nous ? vivait-il moins ? on n'oserait le dire. Que chacun (préjugés à part) compare la condition libre et la vie simple de ces premiers hommes avec la sienne, et qu'il juge de bonne foi la différence, il trouvera son sort bien au-dessous du leur ; car, du plus au moins, de combien de sortes de devoirs pénibles n'est-on pas esclave au milieu de cet amas pompeux de chimères qui séduisent et enflent le cœur ? A quel prix n'achète-t-on pas les commodités et les sensualités de la vie ? Que n'en coûte-t-il pas le plus souvent à l'honneur et au repos pour contenter ses passions ? Et même, à considérer de près ces prétendus heureux du siècle, ces hommes voluptueux, ces riches prodigues qui éblouissent les ordres inférieurs, si on en connaissait bien le fond , peut-être que leur état ne ferait aucun envieux : examinez-les de près , et vous apercevrez que l'abus qu'ils font des plaisirs et des biens de la vie, les rend insensibles ; le dégoût et l'ennui les suivent partout, leur santé est dérangée, leur esprit fatigué ; et si on pouvait lire dans leur cœur, de combien d'agitations et de remords ne les verrait-on pas déchirés ?

6. La corruption du goût et des mœurs n'est pas si générale cependant, qu'il ne se trouve encore des hommes sages, fidèles imitateurs des premiers hommes, qui, nés souverains d'une portion de terre plus ou moins considérable, en connaissent le prix, la cultivent sans autre ambition, et, vivant pour eux, se mettent au-dessus des reproches insensés des autres : éclairés par la lecture et par les exemples, qu'on trouve partout, des écueils et de l'instabilité dans toutes les situations de la vie, leur obscurité leur paraît préférable au faux éclat d'un état plus brillant ; et, par l'effet d'un discernement heureux, ils se condamnent à mourir comme ils sont nés.

7. Les campagnes voisines des villes sont remplies d'une autre espèce de gens, qui, fatigués et rebutés des embarras de la ville, s'y sont formé une retraite, et ne s'occupent plus que des amusemens innocens que la nature leur présente, sans autre regret que celui de ne savoir pas l'aider suffisamment dans ses productions.

8. Il s'en trouve d'autres encore qui, par goût et par un choix réfléchi, se livrent tout en-

tiers à la culture des plantes, soit fruits, soit fleurs, soit herbes potagères ou botaniques, qui en font leur étude particulière, et en même temps le bonheur de leur vie.

9. Ce sont ces sortes de gens qu'il faut consulter pour savoir s'il y a un plaisir réel attaché à cette occupation, et si elle est capable de nourrir le cœur et d'amuser l'esprit. Demandez à un homme fixé à son jardin, si son temps est rempli, si l'ennui et le dégoût n'empoisonnent jamais ses amusemens, si sa santé ne souffre point de l'exercice qu'il fait ; demandez-lui si la raison ne lui reproche pas quelquefois d'enterrer ses talens, et de donner à des choses communes un loisir qu'il pourrait employer plus utilement au service de sa patrie, ou à l'avancement de sa fortune : il vous fera la réponse que fit en pareille occasion un célèbre Romain, qui donnait à sa maison de campagne tout le temps qu'il pouvait dérober à ses emplois : *Patria labor meus ; villa mea solatium laboris et conjux animi.* Il se trouve encore des Romains de cette espèce. Un grand prince (1) de nos jours se faisait un véritable plaisir du jardinage, et il s'en occupait le plus qu'il pouvait dans les intervalles que ses grands emplois lui laissaient ; il exécutait même par ses mains les choses qui étaient à sa portée. Comme il s'a-

---

(1) Le grand Condé.

musait un jour à marcotter des œillets, un seigneur survint, qui, regardant trop légèrement
cette occupation au-dessous du héros, laissa
échapper quelques paroles peu mesurées qui furent rapportées : le prince les méprisa ; et elles
donnèrent occasion à mademoiselle de Scudéri
de faire ce quatrain, également digne de son esprit et de son jugement :

> En voyant ces œillets qu'un illustre guerrier
> Cultiva d'une main qui gagna des batailles,
> Souviens-toi qu'Apollon bâtissait des murailles,
> Et ne t'étonne pas que Mars soit jardinier.

10. Cette inclination a été de tous les temps
et de tous les états : qu'on ne la mette donc pas
au-dessous des autres ; car tout objet qui réunit
en lui l'utile à l'agréable, est digne de tout le
monde ; et sous une seule de ces deux faces, si
on veut les séparer, il peut encore suffire à la
satisfaction d'un homme raisonnable : pour les
uns, c'est l'utilité, et il n'y a rien à cela que de
louable ; pour les autres, c'est le plaisir, et ce
plaisir n'en vaut-il pas un autre ? Quoi de plus
flatteur que de gouverner en Souverain cette petite république de plantes, et de la voir prospérer
par le bon ordre qu'on y établit ? Tout plie au
gré du maître dans ce paisible empire, et tout
semble y être disposé pour s'accommoder à son
naturel inconstant. La variété des sujets, la di-

versité et la multiplicité des opérations journalières, les changemens de décorations que les
saisons présentent, tout concourt à le soutenir
contre sa légèreté ; chaque jour, chaque instant
lui présente quelque chose de nouveau qui ra-
nime son plaisir.

11. Ce n'est pas le seul avantage qu'en tire un
homme raisonnable : combien de sujets de réflexion
n'excitent pas en lui ces miracles continuels
de la nature dans lesquels il envisage le Créateur ?
Tout lui démontre une Providence qui règle le
mouvement de tous les êtres ; tout y est marqué
au coin de sa sagesse et de sa toute-puissance ;
et son esprit, éclairé sans cesse par la contem-
plation de cette belle harmonie, n'est jamais
tenté de se laisser séduire au malheureux système
des incrédules, qui érige le hasard et les atomes
en pères de la nature, et qui ne laisse à l'homme
que la honte et le regret d'être l'ouvrage de ces
fantômes de divinité ; système odieux, enfant
monstrueux de l'orgueil et de la folie, qui désho-
nore la raison. De quelle tranquillité ne jouit pas
un honnête homme, assuré dans ses principes,
qui livre son cœur librement à l'admiration des
œuvres du Créateur, et dont tous les amusemens
sont autant de sujets de le reconnaître et de l'aimer ? Amusemens d'ailleurs qui n'entraînent avec
eux ni soins fâcheux, ni regrets, ni remords :

l'esprit y trouve son plaisir, et la paix du cœur n'en est point altérée. Cet état n'est pas assez connu des hommes du siècle, qui le méprisent : heureux celui qui sait l'apprécier, et qui en peut faire l'occupation de sa vie !

12. Si l'on considère d'autre part l'avantage que tirent l'État et les citoyens, de l'agriculture en général, on devrait, je l'ose dire, regarder avec distinction les gens qui s'y appliquent, bien loin d'avilir cet art comme on fait : de meilleurs politiques ont démontré que les deux colonnes d'un État étaient les bonnes troupes, et la bonne économie de la campagne, toutes deux si nécessaires à son soutien, qu'il ne saurait subsister si l'une des deux manque ; l'histoire nous en fournit des exemples sans nombre. S'échappera-t-on à dire que l'agriculture ne doit s'entendre que des grosses denrées, telles que les grains, les vins, les huiles, les bois, les fourrages, etc. dont l'utilité ne saurait être contestée, et que les productions des jardins ne sont pas de la même classe? Mais ne serait-ce pas un paradoxe qui écroulerait à la vue de la consommation journalière qui se fait de fruits, d'herbages et de légumes de toutes espèces? Or, cette partie mérite-t-elle donc moins que l'autre notre attention, puisqu'elles entrent toutes deux dans le même objet d'économie, et qu'elles ont la même fin.

13. Les gens un peu instruits se rendront à des vérités aussi palpables ; ils conviendront même qu'il y a un plaisir dans l'exercice de la chose, indépendamment du bien réel. Mais ceux qui se trouvent dans une position à pouvoir se donner à cette culture, et que le penchant même y porte, m'opposeront que. la persuasion et l'inclination ne suffisent pas ; il faut (diront-ils) l'intelligence pour faire valoir les ressources qu'on en peut tirer ; il faut des moyens et des facilités pour l'exécution. Je vais prévenir et résoudre toutes les difficultés qu'on peut former à ce sujet.

14. La peine et les soins qu'on oppose d'abord ne sont rien, si on y a véritablement le goût, suivant cette pensée d'un Père de l'Église, qu'on peut appliquer à tout : *Ubi amor non labor est.*

15. Le défaut d'intelligence qu'on oppose ensuite n'est pas plus recevable ; car l'homme est capable de tout ce qu'il veut : *Nil mortalibus arduum est.* Le temps et l'application triomphent de tous les obstacles.

16. La disette des ouvriers, sur laquelle on se retranche encore, n'est pas non plus sans remède ; je la connais mieux qu'un autre, et j'en dirai la cause dans un autre lieu ; mais je sais que, lorsqu'on a acquis soi-même certaines connaissances, on peut suppléer à leur défaut, et les diriger dans leur ouvrage.

17. On entre plus avant en matière sur la difficulté qu'il y a de s'instruire, malgré toute l'envie qu'on peut en avoir ; un homme, écarté dans sa province, vous dit qu'il n'a ni jardinier entendu, ni voisins, ni modèles, sur lesquels il puisse se former, ou prendre au moins quelques notions pour se conduire, et que le secours des livres est bien faible pour quelqu'un tout-à-fait neuf. Je conviendrai que dans cette position il est difficile de marcher d'un pas sûr, et c'est aussi ces sortes de personnes que j'ai particulièrement en vue. Je prie mon lecteur de faire attention à ce que je dis ; car je m'attends bien que les curieux et les vrais jardiniers se récrieront sur les détails multipliés de l'ouvrage : les gens d'esprit se plaindront aussi que je ne laisse rien à juger ; mais que les premiers réfléchissent que ce n'est pas pour eux que j'écris, et que les autres veuillent bien faire la différence d'un ouvrage d'esprit, où l'auteur doit réserver quelque chose à son lecteur, avec un traité dont tout le but est d'instruire. Le public est affecté du style concis et coupé : ne pourrais-je pas dire cependant qu'il est poussé trop loin, et que l'abus qu'on en fait rend infructueuses la plupart des lectures ? L'esprit ne faisant que voler de sujet en sujet, ne s'arrête à rien et ne reçoit aucune impression ; il ne lui reste qu'un tas confus d'idées superfi-

cielles. L'italien dit : *E bono di piacere allo spi-
rito ; ma primo bisogna indocumentarlo* (2). Ce
doit être en effet le premier objet d'un écrivain :
il faut d'ailleurs traiter sa matière à la portée
des personnes qui doivent en faire usage. La plus
grande partie des gens qui s'appliquent à l'art
dont je traite , sont gens sans études , en qui on
ne doit pas supposer une certaine pénétration ;
d'autres plus éclairés , mais qui n'ont aucun principe , et qui voudront s'y exercer , seraient-ils
satisfaits qu'on leur laissât à deviner la moitié
des choses , crainte de blesser leur amour propre ? Ce ménagement serait mal placé. Enfin ,
ayant pour objet de mettre un homme quel qu'il
soit , en état d'opérer sans autre secours , je ne
dois rien laisser à dire , et les répétitions même
sont quelquefois nécessaires pour mieux incul-
quer les pratiques. J'ai cru d'autre part devoir
les encourager par les différentes ressources qu'ils
peuvent tirer d'un potager , ressources qui n'ont
rien de piquant pour ceux qui les connaissent ,
mais qui sont beaucoup pour les autres : c'est ce
qui m'a obligé de détailler les différens usages qu'on
peut faire des plantes pour les besoins de la vie.

18. Je reviens aux particuliers dont je viens

---

(2) Traduction : Il est bon de plaire à l'esprit ; mais,
avant tout, il faut l'instruire.

de parler, et je conviens avec eux qu'ils ont raison de se plaindre du peu d'utilité qu'on peut tirer des livres en matière de potager ; car il est vrai qu'aucun auteur ne l'a jamais traité assez méthodiquement : je dirai même que jusqu'à M. de La Quintinye (3), tous les écrivains qui l'avaient précédé n'avaient fait que l'ébaucher, et avaient moins raisonné par principes, que par la nécessité où ils se trouvaient de déférer aux pratiques superstitieuses de leur temps. Si on remonte plus haut, on s'enfonce encore plus dans l'obscurité. Qu'on parcoure tous les ouvrages des Anciens, et surtout des Romains, ces hommes si savans dans tous les autres arts, n'ont eu en général ni amour, ni intelligence pour celui-ci : je dis en général, car il s'est trouvé des amateurs parmi eux, qui avaient du goût et des principes qu'ils nous ont laissés ; mais il faut dire en même temps que ce n'étaient que des peintures esquissées sans ordre et sans liaison, peu capables de former des sujets. Nous voyons aussi que l'indifférence de ce grand peuple pour l'agriculture, été souvent la source des troubles et des révoltes

---

(3) Jean de La Quintinye, mort vers 1700, publia des *Instructions pour les Jardins potagers et fruitiers,* en 1697, 2 vol. in-4°. qui ont été plusieurs fois réimprimés.

du soldat, qui ont tant de fois agité cette fameuse Rome. Les denrées y manquaient tous les jours ; et comment contenir des peuples et des armées sans vivres ? C'était manquer aux premières règles de la bonne politique d'un gouvernement, et ce fut aussi la principale cause de leur décadence. Rien ne put vaincre leur obstination à mépriser cette partie ; et combien de fois Columelle ne la leur a-t-il pas reprochée ? Il ne fut pas le seul ; Térence Varron, qui prévoyait leur ruine, s'efforça, pour le salut de la patrie, de les rappeler à cet objet dans ses trois livres *de Re Rusticâ* ; mais ce fut inutilement. Caton s'y employa de même, et en donna l'exemple sans plus de succès : le défaut d'habitude et les préjugés y étaient opposés ; enfin leur antipathie contre les travaux de la campagne, et contre ceux qui faisaient valoir les biens, était portée si loin, que les paysans n'osaient presque aborder la ville ; ce peuple aveugle, qui n'attachait le mérite et l'honneur qu'à l'état militaire, les accablait d'injures, et leur enlevait quelquefois les denrées qu'ils apportaient, sans les payer. Les Grecs plus sages ne donnèrent pas dans le même faux, et s'appliquèrent avec soin à cultiver leurs campagnes comme leur mère nourrice ; ils s'efforçaient, à l'envi les uns des autres, de multiplier et d'améliorer les productions de leur terre, particulièrement de leurs jardins, dont ils faisaient leurs délices ; et ils jouissaient d'une abondance qui faisait la sûreté de leur État, et qui leur attachait tous leurs voisins sur qui elle rejaillissait. Au rapport de quelques historiens, ils avaient composé des volumes sans nombre sur cette matière ; mais il ne nous reste que quatorze livres de Palladius (4), qui, quoique peu instructifs pour nous, suffisent pour faire connaître leur intelligence et leur application à cette partie ; le surplus s'est perdu dans le long espace de temps qui les sépare de nous.

19. On comprend par ce que je viens de dire, que nous avons hérité de bien peu de choses de ces anciens peuples, dont les noms ont été si célèbres : il n'est pas douteux cependant que cet art n'ait eu de grands maîtres dans tous les temps : mais, soit que ces maîtres de l'art n'aient pas eu le talent de transmettre par écrit leurs connaissances à leurs successeurs, soit que l'ayant fait, leurs ouvrages se soient perdus, soit, plus vraisemblablement, que cette science ait été obscurcie comme tant d'autres dans les siècles d'ignorance qui ont suivi, il est certain que dans ces derniers siècles il n'y avait plus ni goût, ni

(4) Palladius écrivit en latin son Ouvrage qui est parvenu jusqu'à nous.

émulation, ni intelligence ; mais enfin M. de La Quintinye est heureusement arrivé, qui a commencé à ressusciter cet art enseveli. Le grand prince (5) qu'il servait, amateur de tous les arts, lui donna le champ libre pour exercer ses talens, et l'anima par des récompenses ; aiguillon qui a formé tant de grands hommes sous son règne. Flatté de la confiance et de la bonté d'un aussi grand maître, que ne fit-il pas pour lui plaire ? Mais il ne borna pas là sa glorieuse ambition : il voulut en même temps se rendre utile à sa patrie, en lui transmettant les fruits de ses veilles. Il eut à combattre, et il faut avouer que la circonstance n'était pas favorable pour accréditer ses nouvelles maximes ; il parut sur la scène dans un temps où la superstition tenait lieu de science. La lune et les planètes étaient la boussole de tous les jardiniers ; chaque jour de la semaine était marqué pour certaine opération ; mille autres chimères et calculs mystérieux préoccupaient leur crédulité. Que n'eut-il pas à soutenir pour déraciner ces erreurs de tous les esprits qui en étaient infectés, et dont il ne reste encore que trop de vestiges ? Cependant il leur déclara ouvertement la guerre ; et, par la solidité de ses raisonnemens, s'il n'eut

----

(5) Louis XIV, des jardins duquel il était le Directeur-Général, pour les fruitiers et les potagers.

pas la gloire de tout ramener au vrai, il fit revenir au moins tous ceux qui se trouvèrent capables de réfléchir. C'est le premier pas qu'il fit : mais il était question de convaincre par l'expérience aussi bien que par le raisonnement ; et c'est sur cette colonne qu'il appuya tout ce qu'il mit en avant. Il fallait ensuite établir des principes et des règles sûres pour toutes les opérations des fruitiers et des potagers ; et c'est-là qu'on reconnaît sa grande capacité. Il ne s'en tint pas encore là ; il fouilla jusque dans les secrets de la nature, pour pénétrer les causes de sa progression dans le bon comme dans le mauvais ; et, par son application à observer ses routes, il fit plusieurs heureuses découvertes dont nous profitons tous les jours : enfin, personne jusqu'à lui n'avait travaillé et raisonné sur cette matière comme il l'a fait. Mais après lui avoir rendu la justice qu'il mérite dans tous ces points essentiels, j'ose dire qu'il n'avait pas le talent de rendre ses idées assez sensibles et assez intelligibles ; son style diffus et embarrassé de digressions, de comparaisons et de figures, fait perdre l'objet de vue à chaque instant ; la plupart de ses sujets ne sont pas approfondis, ni leurs dépendances rassemblées sous un coup d'œil qui fixe et instruise le lecteur ; il ne trouve ce qu'il cherche qu'avec peine, et quelquefois même, après beaucoup de recherches, son esprit est plus embrouillé que décidé : d'ailleurs il affecte trop d'érudition dans une matière qui n'en demande point ; il fait entrer trop d'art dans beaucoup d'opérations qu'on peut simplifier ; il laisse en même temps beaucoup de choses à dire sur la partie des potagers, qu'il ne possédait pas autant que celle des fruitiers. Tous ces défauts sont faciles à apercevoir, et il n'est aucun connaisseur qui n'en convienne : il y aurait pourtant de l'injustice à ne pas les excuser ; car il est à présumer qu'il aurait beaucoup corrigé, s'il avait pu mettre la dernière main à son ouvrage : sa mort trop prompte que nous avons à regretter, le laissa imparfait, et personne après lui ne s'est senti capable de le rendre plus correct.

20. Nous avons toujours à nous féliciter de ce que le fond en est bon : en mon particulier, je me fais honneur de dire que j'ai beaucoup profité de ses lumières ; et ses principes, que j'ai adoptés en très-grande partie, mériteront toujours, de la part de ceux qui seront capables d'en juger, la justice qu'ils sont tous fondés sur le bon raisonnement et sur l'expérience. J'ajouterai à tout ce que je viens de dire de ce grand homme, que, quand même il aurait fini son ouvrage autant qu'il aurait pu l'être, il serait encore imparfait par rapport aux connaissances nouvelles qu'on a

acquises depuis lui, surtout à l'égard des plantes potagères, dont nos maraîchers ont infiniment perfectionné la culture. D'ailleurs, comme le goût change et se raffine en toutes choses, il se trouverait peu de gens aujourd'hui qui voulussent, par exemple, suivre son choix en fait de fruits; d'autre part, la nature nous a fait de nouveaux présens, tant en fruits qu'en légumes, qui méritent bien d'être produits au grand jour : par toutes ces considérations, un traité nouveau sur cette matière est devenu nécessaire sans préjudicier aux beautés du sien.

21. Nous sommes encore redevables au savant Auteur du Spectacle de la Nature (6), d'une infinité de connaissances qu'il a recueillies avec un choix merveilleux, d'après les expériences des savans appliquées à cet art; tout est sensible, tout est solide dans les réflexions dont il les accompagne; il éclaire et amuse l'esprit tout à la fois : mais son objet n'a pas été d'instruire à fond sur la nature et la culture de toutes les plantes; ce n'est pas un ouvrage par conséquent qui soit propre à former un jardinier; mais il peut le perfectionner dans certaines parties, et tout curieux doit l'avoir en main.

----

(6) Pluche.

22. Je ne parlerai qu'en passant des autres auteurs modernes qui ont écrit sur cette matière; ce ne sont en général que des compilateurs qui ont ramassé de toutes parts ce qu'ils ont donné, sans choix, ni connaissance des sujets. L'ouvrage le plus considérable est le Dictionnaire économique de M. Chomel (7); mais, outre la dureté et l'obscurité du style, qui le rendent souvent inintelligible, quel fonds peut-on faire raisonnablement sur tout ce qu'il débite? quelle preuve, quelle certitude a-t-il eue des faits? C'est sur le rapport du premier venu, ou dans les auteurs qui l'ont précédé, qu'il a recueilli ses articles en plus grande partie, auteurs dont les ouvrages sont ensevelis dans l'oubli : leur sort n'entraîne-t-il pas celui des extraits qu'il en a faits ?

23. M. Liger, qui a donné la Maison Rustique, est à peu près de la même classe, malgré toutes les corrections et les augmentations que ses successeurs y ont faites. On risque beaucoup, je ne peux le taire, en se mettant sous la direction de semblables maîtres, et on est sujet à faire bien de fausses épreuves en les prenant pour guides : je ne dis pas cependant que dans la mul-

---

(7) La meilleure édition, augmentée par M. de La Marc, est de 1767., 3 vol. in-fol.

titude des choses il n'y ait du vrai et du bon ; mais comment un homme sans connaissances distinguera-t-il l'un d'avec l'autre ?

24. Il faut toujours partir d'un principe vrai ; il est moralement impossible qu'on puisse bien traiter une matière qu'on n'entend pas , quelques bons mémoires qu'on puisse avoir, quelques guides qu'on puisse prendre : il faut sentir soi-même les choses pour pouvoir les rendre sensibles aux autres : d'ailleurs , il y a un art à les lier et à les rendre praticables, qui n'appartient qu'à ceux qui en possèdent bien le fonds. J'ai lu et relu ces deux auteurs , et je me crois obligé de dire qu'en ce qui touche la partie du potager , il y a fort peu de bonnes choses à suivre. Je passe sous silence les auteurs moins connus ; ils sont en général , ou si peu instruits, ou si superficiels, qu'on n'y trouve aucuns principes de l'art, mais seulement quelques pratiques connues de tous les temps (8).

25. Quelques auteurs français, anglais et allemands, ont traité savamment certaines parties qui regardent les opérations de la nature, la végétation , la circulation de la sève, la formation des boutons, etc. ; et par leurs recherches quelques-uns ont trouvé différens secrets pour chan-

---

(8) L'auteur écrivait au milieu du siècle dernier.

ger à certains égards son ordre naturel, et en arracher comme par violence des productions nouvelles : mais cette science toute nue ne fait pas le
jardinier ; elle appartient plutôt aux curieux et
aux physiciens. De tous les ouvrages qui ont
paru jusqu'ici dans notre langue, j'ai donc droit
de dire qu'aucun n'enseigne les élémens de cet
art : ils doivent néanmoins être considérés comme
sa base et sa partie la plus importante. D'hon-
nêtes gens en sont amateurs, mais ne sont pas
nés pour en faire l'apprentissage chez un maraîcher : ils désireraient cependant le savoir par
principes, pour se trouver en état de conduire
leurs plantations, avec d'autant plus de raison,
qu'il est si rare de trouver des jardiniers entendus, particulièrement dans les provinces : c'est
ce qui m'a excité à travailler la matière sur un
plan nouveau, qui donne à tout le monde la facilité d'opérer, ou de faire opérer sous ses yeux
avec succès. Dans l'ordre que j'ai suivi, on trouvera d'un coup d'œil tout ce qui a rapport à une
plante, chacune sera traitée à fond dans toutes
ses parties ; on verra ses différentes espèces, le
temps et la manière de la semer ou de la planter,
la culture qu'elle demande, la terre qui lui est
propre, la saison d'en faire usage, et la manière
d'en prolonger la durée ; ses différentes propriétés pour l'usage de la vie, sa description exacte,

le temps d'en recueillir la graine, sa durée, et généralement tout ce qui peut la concerner. J'ai tâché enfin de rendre toutes les matières si claires, et les pratiques si familières, que personne ne puisse plus excuser son indifférence pour le jardin, sur le défaut de moyens instructifs.

26. Mon premier plan était de donner un traité général de toutes les parties du jardinage, qui aurait compris les potagers et les fruitiers, la situation, l'exposition et la distribution que demande un jardin utile, la préparation des terres, et tout ce qui pouvait en dépendre ; mais pour traiter chacune de ces parties à fond, dans le même ordre que je traite celle-ci, et que j'ai traité précédemment l'article du Pêcher (9), l'ouvrage devenait si considérable, qu'il m'eût fallu un nombre d'années pour le perfectionner. J'ai donc jugé plus à propos, pour le bien de la chose même, de prendre chaque partie séparément ; et, comme celle des plantes potagères m'a paru la plus intéressante, n'ayant jamais été traitée en règle, j'ai commencé par celle-là. Si le Seigneur m'accorde des jours, je traiterai les autres successivement : je commencerai incessamment par un traité du **Poirier**.

---

(9) Le Traité du Pêcher est réimprimé à la fin de cet ouvrage.

27. Je ne m'en suis pas tenu dans celle-ci aux propriétés des plantes pour l'usage de la vie : comme elles ont d'autres vertus pour la santé, j'ai cru devoir les rassembler pour l'utilité de ceux qui, se trouvant écartés des villes, n'ont pas aisément les ressources qu'on y trouve dans les besoins imprévus. Les plantes potagères offrent dans la plus grande partie des maladies, des remèdes certains et faciles, que beaucoup de particuliers d'une condition bornée, isolés dans leurs campagnes, dénués de livres de médecine, ne connaissent pas : cet ouvrage leur découvrira le double mérite de ces plantes, et les animera d'autant plus à les cultiver avec soin. J'ai tiré tout ce que j'ai dit à cet égard, des ouvrages de M. Tournefort (10), de M. Lémery (11), de M. Geoffroy (12) et de M. Chomel, les plus savans auteurs sur cette matière que nous ayons, et les plus suivis : il ne faut donc pas que personne soupçonne que j'aie rien hasardé de mon chef sur un point aussi délicat et qui n'est pas de mon fait : je dois même avertir, suivant le conseil que

---

(10) *Institutiones rei herbariæ*; 1700, 3 vol. in-4°., et Traité de Matières médicales, 1717, 2 vol. in-12.

(11) Pharmacopée universelle, 1697, in-4°.

(12) *Tractatus de Materiá medicá,* 1741, 3 vol. in-8°.

m'en a donné un très-habile homme dans cet art, que dans les maladies douteuses, c'est-à-dire, dont la cause n'est pas bien connue, on ne doit pas risquer certains remèdes composés, sans être préalablement consulté ; mais, à l'égard des breuvages simples et des topiques dont les épreuves ont été mille fois faites, il n'y a rien à risquer à en faire usage.

28. J'ai traité avec la plus grande exactitude l'article des Couches, m'ayant paru important de ne pas omettre la moindre circonstance pour la conduite de ceux qui voudront s'en faire un amusement, et qui, n'ayant rien sous les yeux pour suppléer à ce que j'aurais pu taire, se trouveraient infailliblement dans le cas d'en faire l'épreuve à leurs dépens. La moindre inattention dans ce travail est d'une conséquence irréparable ; et, pour le traiter superficiellement comme d'autres écrivains l'ont fait, il n'eût pas été besoin de le traiter de nouveau : ceux qui voudront s'y exercer pour la première fois, ne trouveront rien d'inutile dans mes détails.

29. Il se pourrait que ma méthode pour la culture de certaines plantes, et en particulier du melon, ne plût pas à tout le monde ; et qui oserait se flatter d'avoir des suffrages unanimes, quand on ferait des miracles? Chaque jardinier a ses maximes particulières qu'il croit toujours

meilleures que celles des autres; à peine en trouve-
t-on deux qui travaillent uniformément ; or, dans
quel labyrinthe ne me serais-je pas plongé, si j'a-
vais voulu décrire toutes les différentes pratiques,
et dans quel embarras n'aurais-je pas mis mon
lecteur pour le choix qu'il aurait eu à faire ? Quel
autre parti pouvais-je donc prendre que de m'arrêter à celle que mon expérience et mes réflexions
m'ont fait juger la meilleure ? C'est après avoir
souvent agité la matière avec les plus habiles maraîchers, c'est après avoir étudié long-temps sous
eux les différens effets du travail, et avoir fait
moi-même des épreuves de toutes espèces, que
je me suis déterminé ; je n'ai pas connu de meilleure route pour trouver le vrai, et pour être
utile au public.

30. J'avoue donc que c'est aux maraîchers que
je dois la plus grande partie de ce que je sais en
matière de plantes potagères, et c'est eux qu'il
faut consulter quand on veut s'instruire. Le jardinier bourgeois, obligé d'embrasser toutes les
parties du jardin qui comprend les fruitiers et les
potagers, les fleurs, les couches, l'orangerie, les
tontures, la propreté et généralement tout ce qui
y a rapport, n'a pour l'ordinaire qu'une connaissance superficielle de toutes ces parties; il les
remplit toutes, mais comment ? chacun le sait.
On aurait tort cependant de lui en faire un crime:

car serait-il possible qu'il possédât à fond tant
de parties, puisque dans cette classe de maraîchers dont je parle, je doute qu'on en trouvât un
seul qui sût également bien toutes les parties du
potager, qui ne font pourtant toutes ensemble
qu'une branche du jardinage? L'un s'attache à la
culture des gros légumes, tels que les artichauts,
les cardons, les choux, etc., et de père en fils
ils sont fixés-là ; l'autre épouse les verdures,
c'est-à-dire, les salades et toutes les menues herbes ; celui-ci les melons et les concombres ; un autre
les champignons : enfin chacun saisit quelqu'une
de ces parties, suivant que son terrain y est propre, et s'en tient là. Il n'est pas étonnant aussi
qu'il y réussisse parfaitement, et qu'on jouisse à
Paris de toutes sortes de légumes deux mois plus
tôt que dans les pays beaucoup plus méridionaux ;
mais demander la même perfection et les mêmes
primeurs à son jardinier, ce seroit vouloir l'impossible. Il faut l'inviter seulement à les prendre
pour modèles autant qu'il pourra, à s'instruire
avec eux s'il se trouve à leur portée ; et au défaut, qu'il se conforme au moins à leurs pratiques quand il les connaîtra, sans avoir la pré-
somption de se croire plus habile qu'eux, comme
il y en a beaucoup. Heureux le maître qui le
trouve docile, et qui sait le conduire ! heureux
aussi le jardinier qui sait profiter, pour son pro-

pre intérêt, des lumières qu'on lui donne, et qui s'attache en même temps à plaire à son maître !

31. Ce choix des principes établi, et puisé dans les sources dont je viens de parler, il y aura encore pour les amateurs du jardinage un petit embarras dont il me reste un mot à dire ; c'est la difficulté d'être pourvu de plants et de semences à leur gré, sur les descriptions que je fais des différentes espèces de plantes : on saura bien se décider pour celles auxquelles le goût se trouvera le plus incliné, et qu'on jugera en même-temps les plus convenables à son terrain et à son climat ; mais où trouver ces plants et ces graines sûres ? où trouver ces espèces rares et nouvelles qu'on remarquera dans le cours de l'ouvrage ? Il ne manque pas de marchands à Paris ni ailleurs ; rien de si difficile cependant que d'être servi fidèlement : ces marchands sont trompés par les gens de la campagne qui les leur fournissent, et ils trompent par contre-coup sans pouvoir le parer ; car on ne distingue point une graine vieille d'avec une nouvelle, ni certaines espèces qui se ressemblent, telles que la graine d'oignon et de ciboule. Ils ne savent pas mieux l'âge de ces graines, qui est un point important. Les unes ne lèvent qu'autant qu'elles sont nouvelles, les autres plus elles sont vieilles, mieux

elles réussissent (j'entends jusqu'à un certain nombre d'années). Pour obvier à cette difficulté qui entraîne des désagrémens infinis, il faut que chacun se fasse une règle de recueillir lui-même les graines dont il a besoin, et qu'il tienne un ordre exact des espèces et de l'année. Cependant, comme il faut commencer au moins une fois d'être bien pourvu, et que d'ailleurs les nuiles et autres accidens font souvent manquer les graines ; comme il arrive de plus qu'elles dégénèrent, et qu'il faut les changer de temps en temps, je ne saurais donner de meilleur conseil que de s'adresser aux maraîchers qui les recueillent eux-mêmes, et qui n'élèvent que de bonnes espèces. Ceux qui auront des connaissances dans le nord ne sauraient mieux faire encore que de s'y pourvoir, particulièrement de toutes les racines et gros légumes ; nul pays n'en produit d'aussi beaux.

32. Au surplus, quelque soin que j'aie pu donner à cet ouvrage, je sens mieux que personne combien il peut être encore perfectionné, et je suis convaincu que non-seulement il y a bien des espèces de plantes qui ne sont pas venues à ma connaissance, mais qu'on peut beaucoup ajouter à ce que j'ai dit touchant la culture. Ceux qui seront animés du même zèle que moi pour le bien de la société, et qui voudront me communiquer leurs lumières, me trouveront em-

pressé d'en profiter ; et reconnaissant de leurs bontés, j'en ferai usage dans une seconde édition, si l'ouvrage mérite l'accueil du public : on pourra adresser les avis aux Libraires-Imprimeurs.

CHAPITRE II.

Des Couches, de la manière de les faire, et de tout ce qui y a rapport.

33. Le potager que j'entreprends de traiter, doit l'être dans toutes ses parties ; et d'autant que les couches sont comme la base et la mère nourrice de la plupart des plantes, je commencerai par cette partie, le plus méthodiquement que je pourrai.

34. Les couches peuvent être considérées comme le chef-d'œuvre du jardinage ; car, outre le mérite de l'invention, l'intelligence qu'elles demandent n'appartient qu'à des gens capables de bien concevoir et de bien suivre leur objet : tout le monde s'y adonne cependant du plus au moins ; mais rien n'est si commun aussi que de voir périr dans une nuit le fruit de beaucoup de

soins et de dépenses. Il faut donc que celui qui s'en mêle les entende bien , ou qu'il s'en détache ; mais si on prend ce dernier parti , il faut renoncer en même temps à beaucoup de choses qui ne peuvent venir que par le secours de ces couches , et ne s'attendre à aucune nouveauté. **Dans** les terres froides principalement , si on n'avance pas les plants sur couches , on se trouve à la fin de mai, et quelquefois en juin , avant d'avoir une laitue pommée ni aucune autre plante printannière : on ne jouit par conséquent que très-imparfaitement du bénéfice de son potager ; en sorte que c'est une espèce de nécessité, dans ce climat, de faire quelque violence à la nature trop lente à nous donner ses biens.

35. Je me garderai bien cependant de préconiser indifféremment le goût de toutes sortes de primeurs, ni par conséquent de vouloir l'inspirer; je connais trop le fort et le faible de chaque chose en particulier. Il y en a beaucoup qui n'appartiennent qu'à de grands seigneurs , et qui n'ont de plus sûr mérite que celui de la rareté ou de la nouveauté. D'autres , meilleures en elles-mêmes, seraient impraticables dans la plupart des provinces , où on n'a pas facilement la commodité des fumiers et des ouvriers pour y réussir. On élève par exemple sur couches des asperges , des artichauts, des choux-fleurs , des fraises, des

figues, et toutes sortes de verdures dont on jouit au plus fort de l'hiver, ou au commencement du printemps ; mais ce sont des fruits chers , qu'il est fort permis aux gens opulens de se procurer, et que le plus grand nombre ne doit pas leur envier ; car on perd peu d'une part de n'en pas jouir, et de l'autre il est de l'homme raisonnable de se contenter de ce que son état lui permet.

36. Cependant , comme j'écris pour les uns et pour les autres, je dirai tout ce qui concerne cette partie du jardinage , afin que chacun puisse étendre ou restreindre son plaisir comme il lui plaira ; mais , je le répète, le particulier ne doit pas s'engager légèrement dans des frais et des soins qui vont loin , s'il n'a une certitude morale d'en venir heureusement à ses fins : qu'on fasse, après le nécessaire , quelque épreuve pour son plaisir, à la bonne heure , c'est un jeu innocent dès qu'il est modéré ; mais il faut risquer peu d'abord , et acquérir par degrés l'intelligence de cette culture.

37. Ce qu'on appelle couche , est une quantité de fumiers chauds , rangés et entassés avec art pour opérer l'accroissement des plantes contre toutes les rigueurs du mauvais temps.

38. Les fumiers de cheval , de mulet et d'âne, sont les seuls propres à cet usage ; les autres n'ont pas assez de chaleur , ni de sels : celui de

mulet est préférable à tous (13) ; mais il est rare d'en trouver à sa proximité.

39. Ils sont d'autant meilleurs qu'ils sont tirés fraîchement de dessous les animaux. Lorsqu'ils ont été entassés un certain temps, ils ont perdu une partie de leur vertu, et ne gardent pas leur chaleur long-temps ; mais ils sont meilleurs pour les réchauds, parce que leur action est plus prompte.

40. Ce qu'on appelle réchaud, est une épaisseur des mêmes fumiers d'un pied ou deux, qu'on met autour des couches pour les réchauffer lorsque leur chaleur est éteinte : on les fait de deux pieds tout autour s'il n'y en a qu'une, et quand il y en a deux ou plus, on ne donne cette épaisseur que du côté isolé ; et comme il ne doit y avoir qu'un pied d'intervalle entre les deux, on n'a que ce vide d'un pied à remplir, qu'il faut changer de temps en temps, suivant le besoin. Aussitôt qu'ils sont faits, jeter quelques voies d'eau par-dessus ; cela dispose les fumiers à agir plus tôt, et les empêche de brûler. On doit les tenir plus élevés que les couches en les faisant, parce qu'ils baissent bientôt ; et il est même nécessaire quelques jours après de les recharger,

---

(13) Il n'est pas démontré que le fumier de mulet soit plus chaud que celui du cheval et même de l'âne.

2**

pour qu'ils soient toujours au moins de la hauteur des couches : lorsqu'on peut mettre deux ou trois pouces de crottin par-dessus, ils s'échauffent plus tôt, et conservent plus long-temps leur chaleur (14).

41. Il se fait encore des couches avec le tan, qui a la vertu de conserver sa chaleur cinq à six mois, avec un peu d'aide : on s'en sert beaucoup en Angleterre ; mais, outre qu'elles demandent une disposition de châssis particulière, elles ne sont guère propres que pour les plantes exotiques, dont je n'entreprends pas de traiter : ainsi je n'en parlerai pas.

42. Les couches dont il est question ici doivent être plus ou moins larges et plus ou moins hautes, suivant les saisons.

43. Celles qu'on fait en décembre, janvier et février, doivent avoir trois bons pieds d'élévation après avoir été marchées, et deux pieds et demi seulement de largeur, pour être plus faciles à réchauffer par leurs côtés.

44. Celles qu'on fait dans les mois suivans, doivent avoir quatre pieds ou quatre pieds et de-

---

(14) Le fumier le plus chaud, celui qui subit plus promptement une fermentation plus ardente, est la paille, ou litière, imprégnée seulement d'urine de cheval, sans crottin, et pressée dans la couche sous le terreau ou la terre préparée.

mi de largeur ; et deux pieds d'élévation peuvent suffire , parce que le soleil , venant au secours des plantes, elles n'ont plus le même besoin de tant de chaleur étrangère.

45. Mais, avant d'enseigner la manière de les dresser , je crois devoir établir premièrement la place qu'on doit leur destiner.

46. Les fonds de terre ingrats pour la production ordinaire des plantes , se trouvent ici les meilleurs : je veux dire les terres sèches et arides; car ce n'est pas la vertu seule des fumiers et des terreaux qui opère : la masse de terre y contribue encore , et jette dans les couches une sève et une chaleur naturelle qui soutient le feu artificiel des fumiers. Or , plus cette terre a de facilité à s'échauffer par les impressions du soleil , plus elle communique de secours aux plantes. La terre légère a encore cet avantage, que les eaux y filtrent plus aisément que dans les terres fortes , où leur séjour cause une humidité qui pourrit en peu de temps les fumiers, et qui fait fondre les plants. Il faut donc chercher , autant qu'on le peut, une veine de terre sablonneuse pour les placer; mais, comme souvent d'autres considérations décident la place , ou que la terre est également forte et argileuse partout , il faut recourir aux expédiens ; et voici ce qu'on peut faire.

47. Il faut faire fouiller et enlever environ un

pied et demi de terre dans toute la circonférence
de la place qu'on veut employer, combler les deux
tiers du vide avec des platras ou de la menue
pierre, et l'autre tiers en superficie avec de la
terre légère. Il faut en même temps élever le terrain de six pouces dans le milieu (*), de manière
qu'il y ait une pente à droite et à gauche pour écouler
les eaux ; et tout autour de la place, pratiquer une
pierrée pour recevoir ces eaux, tant celles de la
superficie, que celles qui passent au travers des
platras, auxquelles on ménage un écoulement. Si
la situation du terrain ne permet pas de leur en
donner, il faut faire dans la partie la plus basse
un puisard où elles se perdent, et ménager les
pentes à cet effet ; sans cette précaution, les couches ne conservent point de chaleur. Les fumiers,
comme je l'ai déjà dit, pourrissent en peu de
temps, l'humidité et le froid gagnent les plants,
et ils périssent à vue d'œil, malgré tous les réchauds et tous les soins ; ou, s'ils ne périssent
pas, les productions sont si tardives et si mé-
diocres, qu'elles ne donnent aucun plaisir.

(*) L'élévation de six pouces ne doit pas influer sur
les couches, qui doivent toujours être de niveau ; il en
résulte seulement que les deux bouts ont une épaisseur
de six pouces de plus de fumier que le milieu ; mais
cela ne fait pas un inconvénient. (*Note de De
Combles.*)

48. Voilà la préparation de la place réglée ; il est question à présent de la situation.

49. On doit bien se garder d'abord de les adosser contre des bâtimens ou des murs trop élevés ; car les vents du midi qui rabattent dessus, portent autant de préjudice aux plants que ceux du nord et du nord-ouest, dont bien des gens s'imaginent qu'il suffit de se défendre. Lorsqu'on peut former un carré de murs exprès, dont le fond soit exposé au midi, de six pieds de hauteur seulement, pour que leur ombre ne nuise pas, nulle situation ne leur convient mieux, parce qu'ils se trouvent par-là à l'abri de tous les vents ; ou à ce défaut, quand on peut les placer dans l'encoignure de deux murs, dont l'un soit au levant et l'autre au midi, la position est encore bonne, pourvu que les deux autres côtés soient abrités par des brise-vents : mais quand on n'a point de murs placés convenablement, on enferme toute la circonférence avec des brise-vents, comme font nos maraîchers.

50. Ces brise-vents se font avec de la grande paille de seigle, qu'on nomme du pleyon, ou avec des roseaux de marais, coupés et séchés dans l'été ; ils doivent avoir cinq ou six pieds de hauteur, avec de forts pieux de toise en toise, pour les soutenir. On coule cette paille ou ces roseaux à l'épaisseur d'un pouce ou deux, entre deux lattes, et

de pied en pied on l'arrête avec du fil de fer ou
de l'osier ; le premier vaut mieux , en ce qu'il
dure autant que l'ouvrage , et que l'osier veut être
renouvelé tous les deux ans. Il faut trois rangs
de ces lattes , dont le premier soit à six ou huit
pouces de terre , le second , à six pouces de l'extrémité , et le troisième dans le milieu des deux :
ils durent une dixaine d'années , quand ils sont
faits en pieux de chêne ou de châtaignier brûlés
par le pied , et travaillés avec le fil de fer. On
comprend que ces lattes doivent être clouées sur
les pieux avec des clous de grandeur suffisante
pour percer en même temps les deux lattes , ainsi
que l'épaisseur de la paille , et entrer solidement
dans les pieux : on pratique une ou deux portes
dans les endroits les plus commodes , et on les
natte également de paille pour ôter l'entrée aux
vents , aux chiens , et à tous ceux qui n'y ont pas
affaire ; et pour plus de sûreté , on ferme ces
portes à la clef. Les femmes ont la mauvaise réputation de gâter les plants , surtout les melons ;
je ne sais si cela est fondé : des effets marqués à
d'autres égards , forment un grand préjugé dans
le sujet en question ; ainsi, le plus sûr est de ne
pas leur en permettre les approches (15).

---

(15) **La** présence des femmes , pendant leur maladie
périodique , est sans inconvénient , quoi qu'en dise la

51. A l'égard de la grandeur de la place , chacun doit se régler sur le plus ou le moins de consommation qu'il peut faire des plantes qu'il voudra y élever ; mais j'estime qu'un espace de huit à dix toises de largeur , sur douze ou quinze de longueur , qui contiendra une douzaine de couches , est très-suffisant pour le particulier le plus aisé : d'ailleurs ce n'est pas un petit soin que la conduite de ce nombre de couches , qui occupent presque entièrement un homme pendant sept à huit mois.

52. Indépendamment du terrain destiné aux couches , il est encore nécessaire , pour décharger les fumiers et les terreaux , de pratiquer à l'entrée une espèce d'avant-cour , dans laquelle on construit en même temps un petit bassin pour la facilité des arrosemens ; ou , au défaut de bassin , on y place des tonneaux , pour faire tiédir l'eau au soleil avant de s'en servir.

53. La situation et la préparation de la place réglées, comme je viens de le dire, il est question à présent de la disposition des couches. M. de La Quintinye l'a parfaitement expliquée (t. II , p. 291) ; et je ne saurais mieux faire que de le copier.

routine , non-seulement sur les fleurs et les plantes , mais sur les vins et les viandes.

54. « Après avoir marqué, dit-il, la place (où
» la couche doit être), qu'il faut exposer au midi,
» de manière qu'un des bouts regarde le levant,
» et l'autre le couchant ; après avoir marqué de
» même, avec un cordeau ou des jalons, la
» largeur qu'elle doit avoir, on y porte un rang
» de hottées de fumier à la queue l'une de l'autre,
» à commencer ce rang à l'endroit où on doit
» finir la couche ; ce qui étant fait, le jardinier
» commence à travailler par l'endroit où finit le
» rang des hottées, afin que le fumier n'étant
» embarrassé de rien qui le charge, il ait plus
» de facilité à l'employer promptement et pro-
» prement. Le jardinier prend donc ce fumier
» avec une fourche de fer ; et, s'il est un peu
» adroit, il le retrousse si habilement, en faisant
» chaque lit de sa couche, que tous les bouts du
» fumier se trouvent en dedans, et que le sur-
» plus fait une manière de dos en dehors. Le
» premier lit étant fait carrément de la largeur
» qu'on a décidée, et de telle longueur qu'il a
» été trouvé à propos, le jardinier fait ensuite le
» deuxième, le troisième, etc., les battant du
» dos de sa fourche, ou les trépignant pour voir
» s'il n'y a point de défaut, afin d'y remédier
» sur-le-champ, la couche devant être également
» garnie partout, en sorte qu'il n'y ait aucune
» partie plus faible que l'autre. Cela fait, il con-

» tinue la longueur résolue, et toujours par lits,
» comme il a été dit, jusqu'à ce que la couche
» ait la longueur, la largeur et la hauteur qu'elle
» doit avoir : cette hauteur est, suivant les sai-
» sons, de deux, trois ou quatre pieds quand
» on la fait, et diminue d'un tiers quand elle est
» affaissée. »

55. Chaque couche, suivant l'usage qu'on en veut faire, après avoir été bien marchée de bout en bout à pieds joints, et particulièrement sur les bords, doit être chargée aussitôt de terreau qu'on étend de gros en gros sur toute la surface ; et pour la dose de ce terreau, on se règlera sur ce qui sera dit à l'article de chaque plante : on destinera, par exemple, une couche pour des raves; au chapitre de cette plante, on trouvera qu'elle en demande huit à neuf pouces ; ainsi des autres.

56. Mais il y a une attention à faire à cet égard, c'est d'en mettre d'abord plus qu'il n'en faut, surtout dans les temps froids, pour aider à la couche à s'échauffer, et on retire ensuite ce qu'il y a de trop, lorsqu'on vient à la dresser. Cela est particulièrement nécessaire à pratiquer pour les couches de melons, sur lesquelles on ne doit mettre que deux ou trois pouces de terreau, qui ne seraient pas capables de mettre les fumiers en mouvement ; il faut même, dans le temps de neige ou de grandes gelées, avoir recours à des

fumiers chauds , dout on couvre toute la couche jusqu'à ce qu'elle soit échauffée.

57. J'observerai ici , une fois pour toutes , à l'égard des terreaux , qu'ils ne sauraient être trop maniés , je veux dire trop fins , pour toutes les semences , et que , pour les rendre tels , le plus court et le plus sûr moyen est de les passer à la claie : cette claie doit être de fil de fer maillé , à petites mailles , tel qu'on en fait pour des portes de buffet ou d'armoire , et elle doit avoir 5 à 6 pieds en tous sens. Tout le monde sait qu'on la place sur un côté un peu couchée et arc-boutée par deux perches , derrière le tas de terreau à quatre pas environ , et qu'un homme ou deux , avec des pelles de bois , le jettent contre , de manière qu'il s'écarte en l'air et retombe en pluie sur la claie , pour que les parties les plus déliées passent plus facilement au travers , et les plus grossières tombent au pied , qu'on rebat avec le dos de la pelle , et qu'on repasse tout de même après. Cette opération est assez connue : je reprends à présent M. de La Quintinye.

58. « Avant de semer ou de planter quoi que
» ce soit sur une couche nouvellement faite , la
» première précaution qu'on doit avoir est d'at-
» tendre six ou sept jours, et quelquefois dix ou
» douze, pour lui donner le temps de s'échauffer,
» et donner ensuite le temps à cette chaleur qui

» est violente de se modérer notablement. Cette
» diminution s'aperçoit, quand, enfonçant la
» main dans le terreau, on peut souffrir la cha-
» leur ; c'est pour lors qu'on doit commencer à
» le dresser proprement. Pour dresser ce ter-
» reau, c'est-à-dire, pour l'unir également,
» on se sert de quelque planche large d'environ
» un pied ; et on la place sur les côtés de la cou-
» che, à deux pouces environ du bord ; cette
» planche ainsi placée, on la soutient ferme
» tant de la main gauche que du genou, et de
» tout le corps : et ensuite avec la main droite
» on commence par un bout à presser ce terreau
» contre la planche, et le presser si bien qu'on
» lui fasse acquérir une manière de consistance,
» en sorte que, la planche étant ôtée, quelque
» meuble que soit ce terreau de sa nature, il
» se soutient tout seul comme s'il était un corps
» bien solide. Quand ce terreau est ainsi dressé,
» de la longueur de la planche, on la change de
» place pour faire dans toute la longueur de la
» couche la même opération que je viens de
» dire ; et si la planche est un peu longue, par
» conséquent lourde, il faut être deux ou trois
» personnes à travailler tous de la même ma-
» nière, et qui s'aident en même temps à la
» soutenir ; que si le jardinier est seul, il faut
» qu'il la soutienne avec de petits bâtons fichés

» sur le bord de la couche. Cette opération finie,
» le terreau doit avoir en tous sens un demi-
» pied moins d'étendue que le dessous de la cou-
» che, et dans son carré long il doit paraître
» aussi uni que si c'était une planche dressée
» en pleine terre. On y fait ensuite des semences
» ou plantations qu'on a à faire ; et c'est dans
» ce point de chaleur qu'il faut la prendre, car
» plus tôt ou plus tard, il s'en trouverait trop ou
» trop peu.

» La chaleur de la couche peut subsister en
» état de bien faire, pendant dix à douze jours ;
» mais, ce temps passé, si on s'aperçoit qu'elle
» soit trop refroidie, il y faut faire avec de bons
» grands fumiers neufs des réchauffemens tout au-
» tour, pour renouveler et entretenir la chaleur.

» Quand on doit renouveler ces réchauds, il
» n'est pas toujours nécessaire d'employer des
» fumiers neufs ; assez souvent il suffit de remuer
» de fond en comble celui qui s'y trouve, pour-
» vu qu'il ne soit pas trop pourri ; ce remue-
» ment est capable de renouveler encore la cha-
» leur pour huit ou dix jours : mais si on doute
» un peu de l'effet, on peut y mêler un tiers ou
» moitié de neuf. »

59. J'ajouterai à ce que je viens de rapporter
du traité de M. de La Quintinye, quelques précautions utiles qu'il a omises.

1°. On doit avoir attention de tenir le milieu des couches de quatre bons pouces plus élevé que les bords, parce que ce milieu s'affaisse toujours plus que les côtés, et que les eaux s'y arrêtent lorsqu'il se trouve plus bas que les bords, au lieu qu'elles s'écoulent dans les sentiers lorsqu'elles trouvent une petite pente ; et conséquemment, à cette élévation de quatre pouces de plus dans le milieu, il faut faire tomber le terreau proportionnément.

2°. On doit faire une espèce de choix des fumiers, et ne pas les employer indifféremment comme ils viennent ; car telle plante, comme le melon, veut trouver la paille séche au-dessous du terreau ; et telle autre, comme le concombre, s'accommode fort bien d'y trouver un lit de crottin : c'est donc suivant l'usage qu'on veut faire de la couche, qu'on doit distribuer les fumiers ; on trouvera ce que chacune demande à son article.

3°. Comme les fumiers ne sont pas toujours égaux, et qu'il s'en trouve dans la quantité une partie plus fraîchement tirée de dessous les animaux, par conséquent plus susceptible de chaleur, il faut avoir attention de les mêler ensemble avec le plus d'égalité qu'on peut, sans quoi il arrive que votre couche ne s'échauffe pas également, et quand vous venez à la planter ou semer, il se trouve trop de chaleur dans un endroit et pas assez dans l'autre : ce qui produit un mauvais effet.

4°. Lorsque les fumiers sont trop secs, il faut les mouiller en deux temps, en faisant la couche, pour leur donner de l'activité ; mais le dernier lit ne doit pas être mouillé quand elle est destinée pour des melons, et on met le terreau ensuite ; une voie sur la longueur de chaque toise est à peu près la dose.

5°. Trois ou quatre jours après que la couche est semée ou plantée, il est très-à-propos d'adosser tout autour un peu de fumier long, pour conserver la chaleur qui se soutient beaucoup plus long-temps ; ce qui fait qu'au lieu d'y faire des réchauds en forme, de dix à douze jours après, on peut en attendre quinze à vingt ; et ce même fumier qu'on a adossé grossièrement, mêlé avec d'autre, sert ensuite à faire le réchaud : les jardiniers appellent cela un *accot*, terme qui prend son étymologie du verbe *accoter*.

6°. Lorsqu'une couche est dans un danger pressant par la cessation de la chaleur, et que les plants commencent à fondre, il faut, après avoir ôté les vieux réchauds, et avant d'en remettre d'autres, tirer par les côtés une poignée de fumier de la couche sous chaque cloche perpendiculairement, à deux ou trois pouces au-dessous du terreau, ce qui forme une espèce de fourneau où la chaleur du réchaud dégorge plus

promptement, et se communique plus efficace-
ment au plant qui est dessus. Il faut employer
aussi les fumiers les plus chauds qu'on puisse
trouver, et mettre dans le milieu un lit de fiente
de pigeon, d'un pouce ou deux d'épaisseur :
c'est pour les melons et les concombres essentiellement que cela est très-utile à pratiquer.

7°. Il arrive quelquefois qu'une couche jette
un nouveau feu après avoir été plantée, surtout
lorsqu'il survient quelques jours de chaleur, ou
quelques pluies chaudes ; quelquefois aussi les
réchauds l'échauffent trop, et les plants sont en
danger de fondre : il faut dans ce cas y faire des
ventouses, ou, autrement dit, la larder, c'est-
-à-dire faire avec un gros plantoir sous chaque
cloche un ou deux trous par lesquels la chaleur
dégorge, et donne un peu d'air aux cloches même : vingt-quatre heures après, quand ce grand
feu est passé, on rebouche les trous.

8°. L'épaisseur qu'on doit donner aux couches, doit se régler en partie sur la qualité du
fond de terre, particulièrement pour les dernières, où on remet les plants en place. Nos maraîchers qui se trouvent situés dans des terres
sablonneuses, les tiennent extrêmement basses ;
à peine ont-elles un pied de fumier, et cette petite quantité leur suffit, parce que le fond de
terre qui s'échauffe aisément, jette un feu naturel

dans les couches , qui non-seulement les dispense
d'un trop grand secours de chaleur artificielle ,
mais qui pourrait même être trop violente pour
les plants. Dans les terres froides qui ne s'é-
chauffent que tard, cette médiocrité de fumier ne
vaudrait rien , des couches ainsi disposées ne
conserveraient aucune chaleur ; il faut doubler
au moins la dose , pour que les plants aient toujours le degré qui leur est nécessaire.

9°. Lorsqu'on a plusieurs couches , il faut se
faire une règle qu'elles soient toutes de même
hauteur, sans quoi celles qui excèderaient les autres ne profiteraient pas du bénéfice des réchauds,
et les plants privés du secours de leur chaleur en
souffriraient. On doit à cet effet compter le nombre des voitures de fumier qu'on emploie à la
première , et mettre une quantité égale à chaque
couche : sur quoi cependant il faut prendre garde
à la quantité des fumiers qui s'affaissent plus ou
moins , suivant qu'ils sont plus ou moins consommés ; et observez de même que , lorsque vous
mêlez ensemble les couches de melons , concombres , laitues et autres plantes qui demandent une
dose différente de terreau , il faut plus élever
en fumier celles qui en demandent peu , comme
le melon : de manière enfin que la superficie de
toutes vos couches soit égale.

10°. J'ajouterai , pour finir ces observations ,

que la méthode de M. de La Quintinye que je
viens de rapporter pour dresser les couches,
quoique généralement pratiquée en France, n'est
pas si unanimement suivie dans les autres pays,
curieux dans ce genre, qu'il ne puisse pas m'être
permis d'y faire quelques réflexions, et de pro-
poser au moins la méthode opposée de la Hollande
& de l'Angleterre, sur laquelle chacun aura de
même la liberté de faire les siennes, et d'opter
ensuite. Il est dit qu'il faut retourner adroitement
le bout des fumiers, de manière que les côtés
forment une espèce de dos de bahut, et qu'aucune paille ne déborde. Les nations que je viens
de nommer y ont trouvé un inconvénient, en ce
que la racine des plantes qui sont précisément
plantées au-dessus, ne peut pas percer ces groupes de fumier ainsi doublés et pressés, ni s'é-
tendre par conséquent de là dans les sentiers, où
elles trouveraient une nourriture abondante ;
pour quoi ils ne retroussent point les fumiers, et
les rangent sur le bord comme dans le milieu,
avec le plus d'égalité qu'il se peut : et, lorsque la
couche est entièrement faite, ils tendent un cordeau, et coupent avec des ciseaux à tondre tous
les bouts de paille qui se rencontrent hors de l'a-
lignement ; de manière que les côtés se trouvent
tout aussi bien dressés, et même mieux, qu'à
notre manière. Ils évitent encore par là que

leurs couches ne s'affaissent dans le milieu , comme il arrive presque toujours aux nôtres , dont
le milieu n'est jamais serré et pressé comme les
bords.

60. D'autres , avec des planches qu'ils assemblent et qu'ils soutiennent avec des pieux enfoncés dans la terre , forment une caisse de la même
longueur , largeur et hauteur qu'ils se proposent
de donner à la couche , qu'ils remplissent de fumiers marchés et plombés également partout. Il
est vrai que par cette méthode les plantes dont
les racines ne sauraient percer les planches , sont
réduites à vivre dans leur prison ; mais rien au
moins ne les arrête , et elles jouent en liberté dans
cet espace qui leur suffit , parce qu'ils donnent
six pieds à leurs couches , différentes en cela des
nôtres , qui n'en ont que quatre au plus. Ces
planches présentent encore à l'esprit une autre
réflexion. Comment , dira-t-on , peuvent-ils réchauffer leurs couches ? la chaleur des réchauds
ne saurait percer ces planches pour se communiquer à elles. Cela est vrai; aussi ne les réchauf-
fent-ils pas : et c'est ici qu'on se trouvera étonné ;
mais cet étonnement cessera quand on aura fait
réflexion , 1° que leurs couches étant plus fortes
de fumier , la masse de chaleur y est plus grande ;
2° que ces couches sont enterrées d'un bon pied ;
3° qu'ils mettent un lit de tan dans le milieu de

la couche qui conserve sa chaleur plusieurs mois, comme tout le monde le sait, et un second lit entre les fumiers et le terreau ; 4° que les planches qui sont revêtues d'un accot empêchent aussi l'évaporation de la chaleur, et par-dessus cela elles sont couvertes de châssis qui contribuent aussi à la resserrer. Par tous ces expédiens que nous ne connaissons pas, ils épargnent les réchauds, et jouissent néanmoins de leurs melons et autres plantes beaucoup plus tôt que nous : le fait est certain. Sur cette simple esquisse qui m'a paru mériter place ici, je ne crois pas que personne soit assez entêté de la méthode différente que nous suivons, pour s'élever contre celle-là, et ne pas en apercevoir le bon : chacun en prendra donc ce qu'il jugera à propos ; et qui voudrait la suivre exactement, n'en ferait peut-être que mieux ; on ne risque rien de marcher dans des routes faites.

61. Je passe à présent aux autres parties qui ont rapport aux couches. Ce serait temps perdu d'avoir semé et planté, si on ne conservait ; et les fumiers n'opèrent pas seuls l'accroissement des plantes ; il faut le concours des cloches ou des châssis, des litières, des paillassons, etc. ; c'est ce qui me reste à traiter : car, pour la conduite particulière des plantes, elle sera traitée séparément à l'article de chacune.

3*

62. Les châssis ou les cloches sont d'une nécessité absolue pour couvrir les semences et les
plants ; c'est ce qui les défend des injures du
temps , et augmente en même temps l'action
du soleil sur elles.

63. Les châssis sont très-préférables par les
raisons que je dirai bientôt ; mais ils ne sont
connus que de quelques particuliers. Je commencerai d'abord par l'article des cloches , comme
le plus intéressant pour le général.

64. Ce qu'on appelle cloche est une pièce
de verre soufflée , de la même forme à-peù-près
qu'une cloche de fonte , élargie par conséquent
dans le bas , rétrécie dans le haut , et terminée
dans son point-milieu par un bouton de la grandeur d'un petit écu , qui sert à la prendre pour
s'en servir.

65. Elles se fabriquent dans les verreries de
Champagne et de Lorraine , d'où elles viennent
à Paris par la rivière de Marne ; on n'en fait
guère , de ma connaissance , ailleurs. C'est une
chose par conséquent assez inconnue dans la plupart des provinces un peu éloignées de Paris , à
cause peut-être de la difficulté du transport. Il
serait fort possible cependant d'en faire dans
toutes les verreries du royaume ; mais pour contenter un ou deux particuliers qui en voudraient
quelques centaines , un manufacturier voudra-

t-il former des ouvriers, et faire les autres frais extraordinaires que demandent dans toutes fabrications les premiers travaux ? La consommation est l'aiguillon des arts, et c'est sans doute parce qu'il n'y en aurait pas dans les provinces pour cette espèce de marchandise, qu'il ne s'y en fabrique point ; le peu de curieux qui s'y trouve est obligé de s'attacher aux châssis qu'on peut faire partout. On peut néanmoins, au défaut des châssis, avoir recours à des cloches de verre d'assemblage, que les vitriers sont capables de faire en tout pays ; elles sont plus portatives et plus commodes à certains égards que les châssis, pour couvrir, par exemple, et pour avancer les plantes séparées les unes des autres : mais on n'épargnerait rien à les employer pour des couches pleines ; car ces cloches reviennent à 20 ou 25 sous, et il s'en faut bien qu'elles fassent un aussi bon effet. Voici la manière de les faire, pour l'intelligence de ceux qui voudront les éprouver.

66. Elles se font octogones, c'est-à-dire, à huit faces égales ; les morceaux de verre s'assemblent avec du gros plomb, soutenu d'un gros fil de fer ; et tous ces morceaux qui s'élargissent dans le bas, et qui diminuent de moitié environ dans le haut, aboutissent à un autre morceau de verre de six pouces de diamètre, de même forme octogone, posé de niveau, qui fait la clôture,

ce qu'on appelle le cul de la cloche. Le diamètre du bas doit être de quinze à seize pouces , celui du haut de six à sept, et la hauteur de huit à neuf. Autour du morceau de verre qui la termine , on attache une espèce d'anse de gros fil de fer , qui s'élève et s'abaisse sur le côté comme on veut , et par où on la prend pour la placer et déplacer.

67. Cette espèce de cloche a ses avantages et ses inconvéniens ; d'un côté elles ne se plombent pas , et si elles reçoivent quelque coup , tout n'est pas perdu , ce n'est qu'un morceau de verre à remettre ; d'un autre, elles coûtent plus cher que les autres , et elles ne jettent pas tant de chaleur sur les plants. C'est pourtant une ressource qu'on est heureux de trouver , quand on ne peut mieux faire.

68. A l'égard des cloches soufflées , dont il est principalement question , étant les plus communes et le plus en usage , il y en a de deux grandeurs , distinguées par le nom de grand moule et de petit moule ; ces dernières sont moins chères, mais les plants sont trop étouffés dessous ; elles ne sont bonnes que pour les petites semences. On doit préférer les premières , quoique plus chères ; mais il y a encore beaucoup de choix , car le moule n'est pas égal ; et il y a un avantage marqué à choisir les plus grandes , qui doivent avoir quatorze à quinze pouces de diamètre d'un

bord à l'autre. L'épaisseur du verre varie de même,
il faut prendre les plus fortes. La couleur est
aussi à observer : celles qui tirent sur le bleu ne
communiquent presque point de chaleur aux
plants ; on doit les rejeter. Le bouton est encore
un objet de considération ; il faut rebuter celles
qui l'ont petit, et dont la prise n'est pas aisée :
car ce défaut est le plus souvent la cause de leur
ruine. On doit prendre garde encore qu'elles ne
soient pas fêlées ; on n'a qu'à les sonner avec le
doigt ; et quand on les transporte de la ville à la
campagne, il faut beaucoup d'attention pour qu'il
ne s'en casse pas dans la voiture. La manière de
les arranger est de mettre d'abord au fond de la
voiture un lit très-épais de grande litière ; on
couche ensuite les cloches sur le côté, et on les
emboîte les unes dans les autres, avec un peu de
paille froissée ou de menu foin entre deux. On
en fait deux rangs à côté l'un de l'autre ; et entre les deux rangs, ainsi qu'aux deux autres côtés,
joignant les ridelles, on met une bonne épaisseur
de la même paille, qui les tient serrées de manière
qu'elles ne puissent pas branler de place. On
arrête aussi les deux extrémités des rangs avec
quelque planche ou bâton en travers, et pour
dernière opération on les couvre encore d'une
quantité raisonnable de paille, qu'on bride avec
des cordes de bout en bout de la voiture, de fa-

çon que le cahot ne puisse pas les soulever. Les paillassons les tiennent encore mieux en arrêt. On peut mettre dans la voiture deux rangs de ces cloches l'un sur l'autre, avec une bonne épaisseur de paille entre deux ; mais le plus sûr est de n'en mettre qu'un.

69. Je dois dire à présent que cette sorte de cloche est fort sujette à devenir plombée au bout de quelques années, par l'effet du soleil et de l'humidité, à quoi la poussière contribue aussi beaucoup : la crasse s'incruste dans le verre, et fait corps ensemble ; les cloches cessent dès-lors d'être transparentes, et de réfléchir la chaleur du soleil, en sorte qu'elles ne sont presque plus bonnes à rien. Jusqu'à ce jour personne n'y a trouvé de remède ; l'eau-forte même, qu'on a éprouvée souvent, ne peut pas détacher cette crasse incrustée, ni rendre le poli au verre.

70. Avec des soins assidus on peut éloigner ce mal de quelques années : rien n'est plus préjudiciable, par exemple, à ces cloches, que de les renfermer mouillées, ou de les emmaillotter avec de la paille sale, je veux dire mêlée de poussière ou de crottin. Le foin et le regain dont quelques-uns se servent les tachent aussi, parce qu'ils s'échauffent et qu'ils chancissent ; il faut de la paille bien sèche et bien secouée, et les mettre à couvert de la pluie. Les maraîchers,

qui n'ont pas pour l'ordinaire des lieux assez vastes pour les enfermer, y font une couverture très-épaisse de litière dans un coin de leur marais : elles n'en sont pas mieux ; cependant, quand ils peuvent empêcher par l'arrangement de cette li-tière, que l'eau ne les pénétre, elles sont dans une espèce de sûreté.

71. On doit aussi les laver de temps en temps, et les essuyer tous les matins, après qu'on a ôté les couvertures, avec un morceau d'étoffe ou une éponge : car non-seulement cela empêche la poussière de s'y attacher, et de faire corps peu à peu avec le verre, mais l'expérience démontre que plus une cloche est claire et nette, mieux les plants profitent. Au surplus, quand on les enferme, on doit les ranger sur terre de la même manière que j'ai dit qu'il fallait les ranger dans la voiture, quand on les transporte à la campagne.

72. Lorsqu'il s'en casse quelqu'une, de manière que les morceaux restent un peu grands, on peut encore en tirer partie, en les recollant avec du blanc de plomb délayé dans de l'eau, et observant qu'il n'y ait point d'humidité sur le verre, lorsqu'on en rassemble les parties.

73. Voilà tout ce qui regarde les cloches ; à quoi j'ajouterai cependant qu'il faut avoir soin de les tenir baissées quand il fait de grands vents. Je passe aux châssis, dont j'invite tous les par-

ticuliers aisés à se servir , sans égard à l'usage général des cloches. Il est aisé d'apercevoir les raisons qui en éloignent les maraîchers ; la première , qui est seule décisive , c'est la dépense qui va au triple, et que la plupart ne sont pas en état de faire ; la deuxième , c'est le défaut de lieux pour les mettre à l'abri quand leur service est fini ; et la troisième , est un certain défaut de raisonnement dans plusieurs , qui les tient servilement attachés aux anciennes méthodes , sans vouloir éprouver le mérite des nouvelles. Je me flatte cependant de leur démontrer qu'il se trouve une véritable économie dans cette dépense apparente qui les effraie , et que l'économie est tout à la fois par rapport au temps qu'on épargne dans le cours des opérations ; mais, avant d'établir la preuve de ce que j'avance, il faut donner une idée de ces châssis , et expliquer de quelle manière ils doivent être disposés.

74. Il s'en fait de plusieurs façons ; les uns , pour donner la pente qu'il faut nécessairement, élèvent le derrière beaucoup plus que le devant ; mais il en résulte un grand inconvénient , c'est que les plants qui sont sur le derrière se trouvent dans une trop grande distance du vitrage, et ceux qui sont sur le devant en sont trop proches.

75. D'autres les forment en dos de bahut, ou en chevalet , prétendant que le soleil du matin agit

mieux et plus également sur les plants, et ils ne donnent aucun talus à leur couche ; mais il est démontré qu'une heure du plein midi sur des plantes situées en talus, fait plus d'effet que deux matinées de soleil levant, sur celles qui sont en situation plate. Le même inconvénient du trop ou du trop peu de distance du plant au vitrage, s'y trouve aussi.

76. A l'égard de la disposition du vitrage, les uns suivent précisément celle d'un châssis de fenêtre ; mais je trouve dans cette disposition que le bois ôte trop de soleil, et que l'eau des pluies fait un dépôt au bas de chaque carreau, qui jette de l'humidité au-dessous.

77. D'autres assemblent les carreaux en plomb, soutenus par de petites verges de fer, posées soit au-dessus, soit au-dessous du verre qui se trouve enfermé dans le châssis, et mastiqué autour : mauvaise façon dont j'ai fait l'épreuve ; car, quelque précaution qu'on puisse prendre, l'eau des pluies pénètre de toutes parts entre le verre et le plomb, qui ne se joignent jamais bien, ce qui fait fondre les plants ; d'ailleurs, l'air y passe, y consomme la chaleur, ou, pour mieux dire, la chaleur s'évapore par tous ces petits trous.

78. La grandeur des carreaux est encore une chose arbitraire, sur laquelle chacun a son idée.

79. Voici la manière qui m'a paru la meilleure,

et à laquelle je me tiens : c'est celle qui se pratique en quelques endroits de la Hollande, à la différence près de la disposition de la caisse que j'ai changée ; le raisonnement me l'a fait concevoir meilleure, et l'expérience me le justifie tous les jours.

80. On règle d'abord les longueurs et largeurs des châssis, à celle qu'on veut donner aux couches.

81. Les premières couches ne doivent avoir que deux pieds et demi ou trois pieds, pour être plus faciles à réchauffer; et celles-là servent pour toutes les semences, et pour tout ce qu'on veut réchauffer pour en jouir pendant l'hiver, comme les asperges, les laitues pommées, l'oseille, et autres verdures.

82. Les dernières, qu'on fait en février, mars et avril, sur lesquelles on replante en place les melons, concombres, chicons, etc. doivent avoir quatre pieds, ou quatre pieds et demi au plus, qui se réduisent à quatre d'un bout du terreau à l'autre, parce qu'il faut laisser une bordure de trois pouces environ de fumier pour porter la caisse.

83. Pour les premières couches de trois pieds, comme pour celles de quatre pieds, les châssis doivent toujours être formés en talus, afin que les plants jouissent mieux de l'aspect du soleil ; conséquemment les angles de la caisse sur laquelle

portent les châssis vitrés, ne sauraient être d'é-
querre, se trouvant assujettis aux deux planches
de longueur qui doivent toujours être sur leur
aplomb ; il faut donc donner le biais aux planches de côté, proportionnément au talus de la
couche, qui doit être de neuf pouces d'un bord
à l'autre.

84. C'est ensuite la qualité des plantes qu'on
veut élever, qui doit régler leur hauteur ; et comme
elles ne demandent pas toutes une même quantité
de terreau, il faut un châssis propre à chacune de
ces plantes. Qu'on ne s'effraie pas cependant de
ce que je dis, qui semblerait annoncer autant de
différens châssis que de différentes plantes ; elles
se réduisent toutes à quatre espèces ; les unes,
telles que la rave, en demandent huit à neuf
pouces, et c'est le plus ; les concombres et les
laitues en ont assez de six ; les semences se con-
tentent de quatre, et les melons n'en veulent que
deux ou trois : toutes les autres s'accommodent
d'une de ces quatre doses. Voilà ce qui, joint à
la qualité des plantes, dont le pampre s'élève
plus ou moins, doit déterminer la hauteur de la
caisse.

85. Les semences, en premier lieu, n'ont
besoin que de quatre pouces de distance de la superficie du terreau au vitrage ; car, plus on peut
approcher le verre, mieux la semence profite du

soleil. On peut donc se régler sur cela pour toutes les premières couches de trois pieds, destinées à cet usage.

86. Mais à l'égard des plants qu'on repique sur ces premières couches comme sur les dernières, soit laitues, asperges, melons, concombres, etc. c'est la qualité de chacune de ces plantes qui doit diriger; et, pour me rendre plus intelligible, je suppose que vous vouliez planter en place une couche de melons, voici comment vous devez vous régler, et cet exemple vous servira pour tout le reste.

87. Il ne faut à cette plante que trois pouces ou environ de terreau, comme je l'ai dit ci-dessus; son pampre en demande six à sept, ce qui compose neuf à dix pouces depuis la superficie des fumiers sur lesquels repose la caisse, jusqu'au vitrage : suivant ce calcul, il faut donc donner la même hauteur de dix pouces aux deux planches du devant et du derrière.

88. De cet exemple on comprend qu'il faut envisager tout à la fois la quantité de terreau que chaque plante demande, et le volume d'air dont son pampre a besoin, pour se décider sur la hauteur des châssis qu'on lui destine. Ces deux objets se trouveront réglés dans l'article de chaque plante, qu'on aura soin de voir quand on voudra faire quelque disposition de ces châssis.

89. Je me suis assez expliqué sur les hauteurs :
à l'égard de la longueur, elle dépend de la volonté,
étant indifférente au bien de la chose en particulier. Pour la largeur, c'est celle qu'on veut
donner à la couche qui détermine celle des châssis.
Il n'est donc plus question que d'exposer l'arrangement des parties de ces châssis.

90. La caisse est un simple carré de quatre
planches de chêne, d'un pouce et demi d'épaisseur, sans aucune façon ; les planches de longueur pour la solidité de l'ouvrage, doivent être
liées, d'abord par-dessous de toise en toise, par
des traverses de deux pouces de largeur, qui s'assemblent par les deux bouts en queue d'hiron-
delle, sans clou ni cheville, et qu'on place et
déplace d'un coup de marteau ; les quatre angles
de la caisse s'assemblent tout de même, ou, si on
veut, on peut les entailler de manière que l'une
soit arc-boutée contre l'autre, et qu'elles soient
retenues ensemble par un crochet de fer.

91. Lorsque les châssis ont plus de dix-huit
pieds, qui est la longueur des plus grandes planches, on emboîte les planches les unes sur les
autres, pour ne former qu'un seul corps ; ce qui
se peut faire de plusieurs manières : mais la plus
simple est d'entailler les deux bouts à mi-bois,
et de les assembler l'une sur l'autre avec deux ou
trois forts clous à vis, qui aient des écrous au

bout pour les retenir. On continue la même opération de planche, tant qu'il y en a ; car, quoique j'aie dit ci-dessus que la longueur était indifférente, il est entendu que le châssis doit être de la même grandeur que la couche ; et quand il aurait quinze toises, il doit être d'une seule pièce, sans quoi les séparations qui se trouveraient dans le dedans, si on voulait en accoler plusieurs ensemble, nuiraient infiniment aux plants par leur ombrage, et ce n'est pas le seul inconvénient qui en résulterait.

92. La partie supérieure est liée comme au-dessous par des traverses semblables de deux pouces, assemblées de même, qui servent tout à-la-fois à retenir les planches, et à porter les châssis de verre ; mais ces traverses doivent être cannelées, ou, pour m'expliquer autrement, creusées d'un demi pouce dans le milieu, tant en largeur qu'en profondeur, en forme de gouttière, pour recevoir l'eau des pluies, qui passe entre les deux châssis qui s'assemblent dessus ; et au bout de ces traverses, sur le devant, on met une petite gouttière de fer blanc qui passe dans la tringle qui arrête les châssis, et qui jette les eaux dehors ; il suffit qu'elle ait une saillie d'un demi-pouce hors de la tringle.

93. Ces traverses doivent être posées à quatre pieds l'une de l'autre, les épaisseurs comprises,

et les châssis par conséquent se trouvent de la même largeur de quatre pieds ; plus grands , ils deviennent trop difficiles à manier ; et plus étroits , ils occupent trop de place en bois , qui diminue beaucoup l'action du soleil sur les plants.

94. Le cadre de ces châssis doit être de deux pouces de largeur sur un pouce et demi d'épaisseur , assemblé solidement par les coins , et fortifié par des équerres de fer entaillées dans le bois.

95. Ils sont portés par les côtés , comme je viens de le dire , sur les traverses , et ils reposent par les deux bouts sur les deux planches de la caisse; mais, comme ils glisseraient s'ils n'étaient retenus , attendu la pente , on pose dans le bas une tringle qui excède d'un pouce et demi la superficie de la planche , et qui se trouve par conséquent de niveau avec le châssis : les eaux qui coulent dessus , et qui passent entre cette tringle et le cadre du châssis , tombent dans une petite gouttière qu'on creuse sur l'épaisseur de la planche , semblable à celle des traverses , et se perdent en dehors par les mêmes issues.

96. Ces châssis , à cause du talus , se trouvent être de quelques pouces plus longs que la largeur de la couche , prise sur son niveau ; mais cela ne doit rien changer aux dimensions de la couche.

97. Ils ont , conséquemment à ce que je viens

de régler, trente-deux pouces dans œuvre à remplir, sur quarante-quatre environ, déduction faite des deux pouces de bois que prennent les cadres tout autour.

98. Il faut diviser d'abord ces trente-deux pouces de largeur en trois, et placer de dix en dix pouces un petit montant d'un pouce de largeur sur un pouce et demi d'épaisseur, pour qu'ils ne fléchissent pas, avec une feuillure aux deux côtés pour recevoir les carreaux.

99. On divise ensuite la hauteur qui est de quarante-quatre pouces, en quatre, pour former quatre carreaux seulement, qui remplissent toute la longueur, et il faut y donner un pouce de plus, pour qu'ils chevauchent les uns sur les autres, de manière que l'eau des pluies coule de l'un sur l'autre comme sur les tuiles d'un toit, et se perde dans le bas.

100. Sur ce chevauchement des deux carreaux, ou, pour mieux dire, entre les deux verres, on peut introduire légèrement un peu de mastic, pour qu'il n'y passe aucun air ni neige subtilisée, lorsqu'elle est fouettée par le vent ; mais quand les deux verres s'approchent bien, on peut n'y rien mettre, d'autant plus que ce mastic ôte toujours du soleil.

101. Au lieu de faire chevaucher les carreaux, on peut encore, si on veut, mettre un plomb

entre deux ; mais il faut qu'il ait six lignes de largeur, et que dans la partie supérieure de la feuillure qu'on rabat, on fasse couler un peu de mastic liquide en même temps qu'on y introduit le carreau. Ce mastic durcit bientôt après, et il ferme hermétiquement tous les petits jours par où l'eau pourrait filtrer ; il est bon aussi d'étamer le plomb, afin qu'il se conserve plus long-temps.

102. Par cet arrangement, ni la pluie, ni le vent, ni la neige, ne peuvent pénétrer en dedans, et les plants sont en pleine sûreté contre ces trois ennemis ; j'ai même supputé que les deux montans de bois sur lesquels les carreaux reposent, n'ôtent pas plus de soleil que le plomb, lorsqu'ils sont assemblés de cette manière, et même moins s'ils n'ont que six à sept pouces, comme j'en ai vu quelques-uns.

103. J'ai omis de dire que sur la partie extérieure du cadre il doit y avoir une feuillure en dedans, de trois lignes au moins, pour recevoir les carreaux qu'on y mastique de la même manière que sur les montans ; et par cette disposition le verre se trouve presque de niveau avec le cadre.

104. Le mastic est une composition de blanc de céruse, de litarge et d'huile de lin, assez connue partout ; mais il est bon que je dise que pour le faire durer plus long-temps, il faut y

passer, aussitôt employé, une couche de couleur.

105. **Pour** la facilité de placer et déplacer ces châssis, on attache aux deux extrémités et dans le milieu, deux anneaux de fer, de force et grandeur suffisantes pour y passer deux doigts ; deux hommes les prennent chacun par un bout, et les portent sans peine ni risque. Ils servent également à tirer à soi quand on veut donner de l'air aux plants, ou quand on les veut travailler ; on pousse le bout du châssis dans le sentier opposé à celui où on est ; ce côté fait, on passe de l'autre, et on y fait la même opération.

106. **Pour** empêcher dans les grandes tempêtes que le vent ne les enlève, quoique baissés, comme le cas m'est arrivé, il faut arrêter chaque châssis par un crochet qu'on attache sur la caisse, et qui s'accroche à un piton à vis qu'on perce dans l'épaisseur du cadre sur le derrière.

107. **Pour** les élever lorsqu'on veut donner de l'air aux plantes sur le derrière, on a, pour en donner plus ou moins à sa volonté, des morceaux de bois entaillés comme une crémaillère, qui s'enfoncent dans le sentier, et sur lesquels on repose le châssis, lorsqu'il convient de donner de l'air de ce côté ; car ce sont les vents et les saisons qui doivent régler à cet égard : s'il convient de le donner du côté du midi, on n'a qu'à repousser les châssis du côté du nord, plus ou

moins, suivant que le besoin le demande. La règle générale est de le donner du côté opposé au vent, quel qu'il soit, lorsqu'il est froid ou qu'il souffle avec violence. Cependant, dans les grandes chaleurs, quand il ne fait aucun vent, il est plus avantageux aux plants de tirer l'air du côté du nord qui tempère mieux l'ardeur du soleil, et ce mélange d'air avec le soleil, leur est très-favorable.

108. Ces châssis, disposés comme je viens de l'expliquer, se montent et se démontent comme on veut d'un coup de marteau, et on les monte sur la couche quand elle est tout-à-fait dressée ; on met ensuite le terreau dans la caisse qu'on égalise bien, et on pose en même temps les châssis qui accélèrent beaucoup la chaleur de la couche, qu'on sème ou qu'on plante quand elle est à son point.

109. Pour que les bois durent, on doit les peindre en telle couleur qu'on voudra, et goudronner le dedans de la caisse ; cette matière résiste mieux aux humidités. Voici la manière de l'employer : on prend du goudron en pierre, qu'on fait fondre dans un vaisseau de fer ou de verre, et on l'étend bien chaud sur le bois avec un gros pinceau de poil, ou avec de la filasse tournée autour d'un petit bâton ; mais il faut prendre garde que le bois soit bien sec, et s'il est un

peu échauffé par le soleil, le goudron pénètre
mieux ; au défaut, on peut faire un feu clair, et
passer les planches dessus.

110. On doit aussi nettoyer les verres tous
les ans avec du blanc d'Espagne, et de temps en
temps passer un morceau d'étoffe dessus, ou
une éponge mouillée, pour les décrasser ; on
doit avoir de plus un petit balai de jonc, pour
ôter les menues ordures que les paillassons y
laissent ou que le vent y porte ; c'est l'affaire
d'un moment.

111. Pour empêcher le mauvais effet de la
vapeur des fumiers, on peut mettre des morceaux
d'étoffe de laine, de la grandeur des châssis, qui
s'accrochent en dedans aux quatre coins par des
agrafes ; on les met le soir, et on les ôte le matin ; cela contribue en même temps à défendre
les plants des gelées.

112. Il me reste à dire sur cet article des châssis, que, lorsqu'on en a plusieurs, il ne faut pas
les placer les uns devant les autres, parce que
l'ombre de l'un préjudicierait à l'autre ; il faut,
ou les mettre sur la même ligne l'un à la suite de
l'autre, si on a assez de place en longueur, ou
laisser un intervalle de quelques pieds entre deux,
si on est forcé par la place à les mettre les uns
contre les autres.

113. Je veux placer encore ici une observa-

tion importante que le sujet demande : j'ai dit qu'il fallait donner une pente de neuf pouces d'un bord de la couche à l'autre ; mais, pour que cette pente s'y trouve toujours, il faut d'abord lui en donner quinze en la dressant, parce que cette partie se trouvant plus chargée en fumiers que l'autre, elle s'affaisse davantage, et que ces quinze pouces se réduisent bientôt après à neuf. Je me suis bien trouvé d'augmenter cette pente de 3 ou 4 pouces sur les châssis, en donnant cette augmentation de plus à la planche de derrière de la caisse ; le soleil les frappe mieux, et les eaux ont plus d'écoulement. D'ailleurs, si on veut mêler avec les petites semences quelques plantes un peu fortes, telles par exemple que des boutures auxquelles on veut faire prendre racine, on les loge plus facilement le long de la planche.

114. Décompte fait, la dépense de ces châssis, construits comme on vient de le voir, monte au triple de celle des cloches ; c'est-à-dire, qu'une couche de dix toises sur quatre pieds, occuperait environ cent cinquante cloches qui valent environ soixante-quinze livres, et pour la couvrir en châssis, il en coûte deux cents livres (16). J'en

---

(16) On sent que ces prix, qui ont d'ailleurs un peu augmenté depuis 1749, époque de la composition de cet ouvrage, sont sujets à varier selon les contrées.

ai la preuve en main. Cette différence est considérable, j'en conviens, et elle le devient encore plus pour les dernières couches que pour les premières, parce que les dernières occupent moins de cloches : mais voici les considérations qu'on doit faire.

1° Une couche en châssis occupe deux fois autant de jeunes plants ou de semences, qu'une autre couverte en cloches : objet important, qui épargne la dépense entière d'une couche.

2° Il n'arrive point ou peu de fractures à ces châssis ; et chacun sait combien le vent ou la maladresse des ouvriers détruisent annuellement de cloches.

3° Le verre des châssis ne se plombe pas comme celui des cloches, qui souvent à la troisième année ne sont plus de service.

4° Les plants ne s'étiolent pas et ne s'étouffent pas comme sous les cloches, parce qu'ils ont plus d'air et plus de liberté de s'étendre ; ils ne fondent pas si aisément non plus, parce que la chaleur est plus également répartie partout, soit dans la capacité de la couche, dont toute la superficie est couverte uniformément, soit dans le volume d'air qui est au-dessus.

5° Les pluies ni les neiges n'y pénètrent point, cause la plus ordinaire de la perte des plants, à qui le trop d'humidité est mortel.

6° Les mulots et les rats n'y abordent pas si facilement.

7° Un homme n'emploie pas un quart-d'heure pour les opérations journalières de couvrir et découvrir, donner de l'air, etc., où il mettrait plus d'une heure avec des cloches ; et les couches sont toujours propres : aucune ordure n'y entre.

8° Le melon en particulier, à qui l'eau et l'humidité sont si pernicieuses, se trouve à l'abri en tous temps de l'une et de l'autre jusqu'à ce qu'on le cueille, et les insectes ne le mangent pas si aisément, enfermé dans cette caisse de châssis, que lorsqu'ils ont les approches libres.

9° Ce fruit y acquiert plus de qualité, et on n'a pas toutes les sujétions que demandent les cloches pour mettre le fruit à couvert des pluies.

10° Il est à l'abri de toutes les nuiles, si préjudiciables au pied et au fruit.

11° Il ne faut pas le quart de la litière que les cloches consomment, parce qu'il y a moins de superficie à couvrir ; je dis moins, et je m'explique : les cloches veulent être bornées, ou, autrement dit, emmaillotées tout autour ; c'est-à-dire, les intervalles remplis jusque et par-dessus le cul, ce qui fait une épaisseur de plus d'un pied, et quelquefois de deux, dans les grands froids. Il est sensible de-là que les châssis, sur lesquels il suffit d'en mettre trois ou quatre pouces, n'en

consomment pas autant. D'ailleurs il n'y a pas
tant de déchet, parce qu'elle s'entretient plus
sèche entre le verre et les paillassons sur lesquels
les eaux s'écoulent à la faveur de la pente que
leur donnent les châssis, que lorsqu'elle touche
au terreau dont elle tire l'humidité.

12° Les dernières couches où on replante en
place les melons et concombres, ne peuvent
souffrir aucune autre plante dans les intervalles
des cloches, et ces parties vides composent évi-
demment les trois quarts de l'espace superficiel
des couches. La raison en est qu'il faut toujours
borner et couvrir les cloches tant qu'on a les gelées à craindre, dont on n'est sûrement affranchi qu'à la mi-mai, et que par conséquent les couvertures ruineraient tout ce qui serait dessous :
or on profite de ces trois quarts de terrain perdu,
quand on a des châssis ; car on peut y planter
plusieurs sortes de laitues, qui sont pommées et
coupées avant que le melon ait besoin de la place.
On y peut repiquer également toute sorte de
plants, ou faire telle semence qu'on veut, sans
que rien nuise aux melons ou concombres ; nouveau bénéfice par conséquent que vous procurent
les châssis, qui doivent déjà vous en avoir pro-
curé autant, lors de vos semences de novembre
et décembre.

13° Les coups de soleils ne sont pas à beaucoup près si dangereux que sous les cloches, parce que les plants ont plus d'air.

14° Les fruits y sont plus hâtifs et meilleurs, et donnent par conséquent plus de plaisir ou de profit, suivant l'intention de celui qui les élève.

15° Un pied de melon sous châssis rapporte trois ou quatre fruits, tous bien conditionnés ; et sous cloche le grand usage est de n'en laisser qu'un, par l'expérience qu'on en a qu'un second nuit au premier.

115 Enfin, pour rendre plus sensible l'avantage de l'un sur l'autre, j'en appelle au propre témoignage des maraîchers. Celui, par exemple, qui se fait d'abord un fonds de mille cloches, au bout de dix ans, malgré tous ses soins, n'en a pas deux cents qui soient de service, et quelquefois point du tout ; ce n'est qu'en les renouvelant tous les ans de quelques centaines, qu'il entretient ce fonds sur le même pied. Il s'évanouit donc dans le cours de ces dix ans : c'est une vérité que personne ne peut contester. Il n'en est pas de même des châssis, qui durent trente ans avec un peu de soin ; et au bout de trente ans, le verre qui fait le plus grand objet, se trouve encore le même ; il n'y a que la caisse à renouveler. On fait donc, dans le cours de ces trente ans, trois fois le même fonds, qui revient au même coût des châssis, et on n'a rien au bout : cela me paraît

4*

sans réplique. Mais ce n'est pas tout, je veux démontrer encore qu'un maraîcher, quoiqu'il ait le fumier sous sa main, gagnerait en sept ou huit ans la dépense de ces châssis par la seule économie d'une couche qu'il épargnerait sur deux qu'il est obligé de faire pour placer la même quantité de semences ou de plants. Le compte est clair : une couche de dix toises de longueur, sur quatre pieds de largeur et trois de hauteur, emploie au moins dix voies de fumier, compris les réchauds qu'elle demande, qui lui coûtent, à trente sous la voie, quinze livres ; on peut évaluer le surplus, j'entends le terreau, la main-d'œuvre, et l'économie des cloches ou des couvertures, à cinq livres ; total : vingt livres, qui au bout de sept à huit ans font la même valeur des châssis d'une couche. On observera que cette dépense de vingt livres double et triple pour le particulier ; car, à la distance de deux lieues seulement de Paris, il n'y a point de voiture de fumier qui ne revienne à trois livres dix sous ou quatre livres, et quelquefois plus. Je défie qu'on puisse rien opposer qui détruise ce que je mets en avant, à moins qu'on ne voulût contester qu'une couche en châssis n'occupe pas le double de semences ou de plants d'une autre couverte en cloches. Mais la preuve est parlante, en évaluant les pleins et les vides ; et c'est du calcul que j'en ai fait plus d'une fois, et que tout le monde peut faire, que je tire ma certitude, dont tous les maraîchers que je connais sont convenus avec moi.

116. Tous ces avantages réunis et prouvés, comparés avec tous les inconvéniens des cloches, justifient assez qu'on gagne en toute façon de préférer les châssis ; car l'économie des cloches n'est qu'idéale et momentanée, et la dépense des autres se trouve par la suite une véritable économie. Cette dépense ne doit donc pas arrêter ceux qui sont en état de la faire, et surtout les gens d'un certain ordre, dont les jardiniers pour la plupart ont fort peu les intérêts à cœur. Je sais par expérience ce que le dégât des cloches coûte tous les ans, et personne n'en est exempt.

117. Je n'ai plus rien à dire sur le fait des châssis et des cloches ; mais, comme la sûreté de nos couches demande quelque chose de plus, je veux dire des couvertures, pour empêcher les gelées d'y pénétrer, c'est un objet qui mérite aussi une attention particulière.

118. Ces couvertures sont de deux espèces : la litière sèche et les paillassons. Les maraîchers ne se servent que de la litière ; ils en font, suivant leur besoin, aux mois de juillet et d'août, une provision qui leur sert tout l'hiver. Cette

litière, qu'on appelle paille brûlée, n'est autre que du fumier ordinaire sortant de dessous les chevaux, secouée grossièrement, qu'on laisse sécher un peu au soleil, et qu'on entasse ensuite. Elle est très bonne pour défendre les plants, qu'on couvre à proportion de la rigueur du temps, de manière qu'on en met quelquefois jusqu'à deux pieds d'épaisseur par dessus les cloches, quand les gelées sont fortes ; c'est un fonds dont il faut nécessairement être pourvu, quand on fait tant que d'avoir des couches.

119. On serait fondé à croire que la litière suffit toute seule, puisque les maraîchers, qui ont un intérêt tout particulier à conserver leurs plants, n'emploient pas autre chose ; mais combien n'en perdent-ils pas tous les ans ? perte qu'ils attribuent à d'autres causes, et qui provient souvent du défaut de paillassons ; car quelque attention qu'ils puissent avoir, quelque provision de litière sèche qu'ils aient, tout s'épuise, les jours n'ont qu'une durée bornée. On ne peut ni les allonger pour doubler les opérations, ni forcer le temps : comment se défendre des humidités que jettent dans les couches les pluies de longue durée ? cette litière mouillée peut-elle se remplacer à tout quart-d'heure ? Ils ne sauraient donc empêcher que leurs couches ne se refroidissent, d'où il s'ensuit que les plants fondent. En

vain contesterait-on le bon effet des paillassons, qui, jetant les eaux dans les sentiers, conservent la litière sèche, et détournent par-là la véritable cause de la ruine des plants. N'est-il pas sensible d'ailleurs qu'ils épargnent beaucoup de travaux que le changement et le remuement continuel de la litière occasionnent ? Il en résulte d'ailleurs un bien de plus, c'est qu'ils retiennent et affais-sent la litière, que les grands vents emportent souvent çà et là ; d'où il s'ensuit même que la ge-lée ne la pénètre pas si aisément, et qu'ils dis-pensent en même temps d'en mettre une si grande quantité. Toutes ces raisons palpables établissent suffisamment l'utilité et la nécessité des paillassons.

120. On en fait de deux manières. Beaucoup de jardiniers, pour avoir plus tôt fait, les font en treillage avec des échalas en travers, liés par des osiers : rien n'est plus mauvais et plus meurtrier pour les cloches, rien de plus embarrassant en même temps ; il vaudrait mieux n'en avoir pas du tout. La seule bonne façon de les faire est avec de la ficelle : je voudrais bien rendre cette façon claire et intelligible à mon lecteur, mais je ne sais si j'y réussirai. Je dirai d'abord qu'il faut les disposer pour servir à ces couches, non pas étendus en longueur, comme font encore plusieurs jardiniers mal-entendus, mais pour

embrasser la couche en travers, de manière que les deux bouts portent sur les sentiers, ce qui la défend bien mieux de tous les mauvais vents, et ce qui procure en même temps l'écoulement des eaux dans les sentiers. Pour rendre cet écoulement encore plus certain, il y a une précaution de plus à prendre, c'est de mettre une latte courante de bout en bout de la couche dans le milieu entre les deux cloches, qui soit soutenue et liée à de petits piquets échancrés qu'on enfonce dedans, de distance en distance : cette latte doit être élevée de six pouces plus que les cloches, pour former une pente à droite et à gauche aux paillassons qui portent dessus, et on peut l'élever plus haut, lorsque la rigueur du temps demande une grande charge de litière sur les cloches. Quant au châssis, on est dispensé de cette précaution : leur disposition favorise l'écoulement des eaux, on ne fait qu'étendre les paillassons dessus. Revenons à la façon des paillassons.

121. Il faut régler leur longueur sur la largeur des couches, et leur donner deux pieds de longueur de plus que leur largeur, pour qu'ils retombent d'un pied de chaque côté sur les sentiers ; et pour la largeur, elle est bonne à quatre pieds.

122. Pour les faire justes dans les mesures

qu'on veut, on marque ses longueurs et largeurs
sur terre, dans quelque serre ou écurie qui ne
soit pas pavée, et on divise ensuite les traits de
ficelle proportionnément à la largeur : il en faut
cinq, savoir, un dans le milieu, deux à six
pouces des bords, et les deux autres dans le milieu des intervalles, de sorte qu'ils se trouvent à
neuf pouces de distance. On enfonce ensuite des
chevilles de bois ou de fer aux cinq places marquées aux deux bouts de la longueur, et on y attache cinq morceaux de ficelle bien tendus d'une
cheville à l'autre. On coupe après cela cinq autres morceaux de la même ficelle, qui aient deux
fois la même longueur, qu'on tourne chacune
séparément autour d'un morceau de bois que les
jardiniers appellent des navettes ; ces morceaux
de bois ont quatre pouces de longueur, évidés à
mi-bois à un demi-pouce près des deux bouts,
de manière que ces deux bouts forment deux
boutons qui empêchent la ficelle de glisser ; on
approche en même temps la paille qui doit être
de seigle bien secouée, et la plus longue qu'on
puisse trouver.

123. Lorsque tout est ainsi préparé, un ou
deux hommes se mettent à deux genoux à un
bout, et une femme ou un enfant fait les poignées
de paille, qu'il leur étend devant eux sur les
ficelles tendues ; ils les prennent l'une après l'au-

tre, et les lient à ces ficelles avec celles de leur navettes, en faisant une espèce de nœud coulant qui les arrête et les serre en même temps les unes contre les autres : à mesure que l'ouvrage avance, ils avancent de même, et se trouvent à genoux dessus, dès qu'ils en ont fait quinze à dix-huit pouces. Arrivés au bout de leur longueur, ils nouent les deux ficelles ensemble, et déta-chent le paillasson, qui se trouve fait. Avec des ciseaux à tondre, ils égalisent ensuite les bords, et coupent de même dans toute l'étendue les épis et les bouts de paille qui se trouvent volant çà et là.

124. La difficulté de cet ouvrage est de serrer également les cinq nœuds coulans qu'on fait pour chaque poignée de paille, en sorte qu'on soit juste des deux côtés quand on arrive au bout.

125. Une autre attention importante, c'est de faire les poignées de paille bien égales, et mé-diocrement fortes : douze à quinze brins sont suffisans ; ils deviennent trop lourds à manier, surtout quand ils sont mouillés, si on en met davantage. Ce nombre de brins se partage par la moitié, et se croise de manière que les épis se trouvent tous en dedans, et le pied aux deux ex-trémités ; ce qui fait que l'épaisseur est à-peu-près égale partout.

126. Il y a encore plusieurs précautions à

prendre pour la conservation de ces paillassons.

1° Il faut que la ficelle soit à trois bouts pour résister aux injures du temps; c'est elle qui est l'âme de l'ouvrage, qui ne périt jamais que par-là.

2° Après que les paillassons sont faits, il faut frotter tous les traits de ficelle des deux côtés avec du goudron préparé, tel qu'on l'emploie pour les cordages de la marine, et on se sert d'un pinceau pour l'étendre; cela empêche que l'eau ne la pénètre et ne la pourrisse.

3° Autant de fois qu'on les ôte de dessus les couches, il faut les étendre debout le long des murs ou d'une espèce de treillage grossier qu'on fait exprès avec des perches pour les adosser; ils sèchent dans cette situation: mais si on les jette sur terre, ou qu'on les roule les uns sur les autres, ils sont bientôt ruinés.

4° Il faut les mettre à couvert dès qu'on n'en a plus besoin, et les fermer bien secs; mais on doit prendre garde qu'il n'y ait ni rats, ni souris dans la serre où on les met; ces animaux les coupent et les ruinent: si on ne peut pas s'en défendre, il faut en ce cas tendre des cordes très-élevées de bout en bout de la serre, et les mettre à cheval dessus, de manière que cette vermine ne puisse pas y atteindre. Faits et soignés comme je viens de le dire, ils peuvent durer trois à quatre années: négligés, ils ne vont pas à la seconde..

127. Ceux qui sont dans le voisinage de la mer, et qui peuvent avoir facilement du jonc de mer, tressé tel, par exemple, que celui dont on fait les bannes de soude qui nous viennent de Provence, peuvent en faire des paillassons dont la durée serait infinie, et qui ne seraient sujets ni à tant de soins, ni à tous les inconvéniens qu'ont ceux de paille : j'ai souvent envié leur fortune à cet égard. Mais nous sommes trop éloignés pour nous en pourvoir, à moins de vouloir passer par-dessus la dépense des frais de transport, qui feraient le plus grand objet ; car le coût du jonc par lui-même est d'une petite conséquence.

128. Il me reste à dire, sur cette matière des couches, qu'il est fort à souhaiter que leur abord soit aisé pour la décharge des fumiers, et que leur emplacement soit voisin de la maison du jardinier, pour qu'il soit plus à portée d'y donner ses soins, et de prévenir diligemment les différens accidens qui peuvent arriver, principalement les grêles et les orages de nuit.

129. Il ne serait pas moins avantageux que dans le fond de cet emplacement, que je suppose exposé au midi, on pût y pratiquer une serre qui servirait également pour retirer pendant l'hiver tout ce qui demande d'être fermé, et conserver en même temps ce qu'on voudrait y mettre

en dépôt jusqu'au printemps pour le remettre sur couche, comme des fraisiers en pots, des pois et fèves en mannequins, des plants de chou-fleurs, des fleurs, etc. ; c'est un embarras de les transporter dans un endroit éloigné, et il y a toujours quelque chose qui en souffre.

130. On doit tout au moins pratiquer un hangar dans l'avant-cour des couches, pour mettre à couvert une certaine quantité de litière sèche, dont on a continuellement besoin ; il sert en même temps à mettre beaucoup de choses à l'ombre pendant l'été, à mettre les cloches et les paillassons à l'abri quand on n'en a plus besoin ; et les paillassons particulièrement doivent toujours demeurer à portée des couches, pour être plus tôt prêt à couvrir les cloches ou châssis, lorsqu'on se trouve menacé de grêle. Après avoir expliqué assez méthodiquement la façon de dresser les couches et de les entretenir, il faut dire un mot sur la manière de les défaire après qu'elles ont fait leur service.

131. C'est au mois d'octobre ou de novembre que se fait cette dernière opération : on les décharge d'abord de tout le terreau qui est dessus, qu'on met à part, et qui ne doit plus servir pour les couches, sa vertu étant épuisée ; il sert à terreauter les semences du printemps ; on brise ensuite avec des fourches de fer tous les fumiers,

qui se trouvent réduits en terreau pour la plus grande partie, dont on fait une espèce de meule ; et on sépare en même temps ce qui n'est pas consommé, qui sert utilement pour couvrir les artichauts et autres plantes : on remanie plusieurs fois à la pelle cette meule, pour rendre ce terreau plus meuble, et les pluies de l'hiver achèvent de le mûrir (17) ; s'il ne l'est pas assez, on y donne une dernière façon, qui est de le passer à la claie, comme je l'ai expliqué au commencement de ce chapitre : les parties les plus grossières qui ne peuvent pas passer au travers, sont excellentes pour couvrir les semences du printemps en pleine terre, et beaucoup meilleures que le terreau fin dans les terres fortes. Il n'y a rien conséquemment qui n'ait son utilité dans toute cette démolition. Enfin on fait place nette pour remettre les nouvelles couches, et on range à l'écart tout ce qui provient des vieilles, avec l'attention, toutes les fois qu'on remue ce terreau, d'écraser les taons et les courtilières, s'il y en a ; il faut en même temps labourer la place, pour détruire d'autant plus sûrement ces deux in-

---

(17) Les pluies seules ne mûrissent pas suffisamment les terres ni les terreaux ; il faut encore leur procurer, en les remuant fréquemment, le bienfait des influences météoriques, l'air atmosphérique, la chaleur du soleil, l'alternative des gelées et des dégels, etc.

sectes qui s'enfoncent dans terre, et il faut les chercher exactement en labourant. Ce labour a une double utilité, en ce que les eaux filtrent plus aisément que lorsque le terrain est scellé et battu. Ces deux insectes et plusieurs autres font souvent de grands ravages dans les couches ; il faut s'en défendre le mieux qu'on peut.

132. Les taons (18) coupent la racine des plantes ; il faut les chercher au pied quand on les voit fanées ; ils se retirent aussi dans les sentiers, qu'il faut fouiller de temps en temps. Les maraîchers assurent unanimement que c'est la qualité des fumiers qui les engendre, et que le crottin de tous les chevaux qui mangent du son, produit ce mauvais effet ; on doit être en garde sur cela (19).

133. Les courtilières les coupent de même, et labourent le terreau de manière qu'elles renversent toutes les jeunes plantes, surtout les semences ; elles entament même le fruit quand il approche de sa maturité : il faut leur faire sentinelle, et quand on les voit fouiller, les faire sauter en l'air avec une petite palette de bois qu'on enfonce dans le terreau derrière elles. Comme elles

---

(18) Mans, ou Turcs.

(19) L'opinion de ces maraîchers est fondée sur une erreur.

aiment beaucoup l'eau et l'humidité, on les attire en mouillant légèrement les couches dans le plein midi ; elles sentent cette eau et accourent sur la superficie où on les attend : cela répété de temps en temps, en détruit beaucoup. On ne peut guère le pratiquer, je l'avoue, lorsque les couches sont totalement couvertes par les pampres des plantes ; mais il faut le faire dans les premiers temps que les melons et concombres sont replantés en place.

134. Les rats et les mulots font aussi de grands désordres ; ils rongent et mangent les plants, surtout les laitues et les melons : à force de piéges on peut aussi les détruire, et il faut en tendre de toute espèce ; mais le meilleur est d'élever un chat dans la melonière, à qui on a soin de donner à manger ; quand y il est accoutumé de jeunesse, il y reste, et rien n'écarte mieux cette vermine. Il s'en trouve pourtant qui mangent les melons au lieu de les défendre, il faut, en ce cas, les réformer.

135. La fourmi fait encore ses dégâts particuliers : le meilleur remède que j'y ai trouvé, c'est de frotter des feuilles de papier avec du miel, et de les étendre aux environs de leur fourmilière ; elles courent bientôt après ce papier, qu'on lève habilement par les quatre coins, et qu'on jette dans un baquet d'eau voisin, où elles

périssent ; on en remet d'autres , et on les éclaircit beaucoup par-là , si on ne les détruit pas
entièrement (20).

136. Il y a encore deux autres espèces de couches, dont je dirai un mot avant de finir : les
unes se nomment *couches sourdes* , et sont propres pour avancer certaines plantes , et leur donner plus de force , c'est-à-dire, pour les faire
venir quinze jours ou trois semaines plus tôt que
celles qui sont en pleine terre. La manière de les
faire est de creuser simplemeut de deux pieds
environ, le nombre de planches qu'on veut , et
de remplir la fosse avec des fumiers, tels qu'on
les a , qu'on trépigne bien avec les pieds , et on
les recouvre ensuite de six pouces de la même
terre qui en est sortie ; le surplus se répand sur
les planches voisines. On a soin de tenir les fumiers un peu plus haut que les terres, parce qu'ils
baissent de moitié bientôt après ; et conséquemment, quoique la couche soit plus élevée de sept

---

(20) Le plus facile et le plus efficace des moyens qu'on
peut employer pour détruire les fourmis, consiste à renverser des pots vides sous lesquels elles vont chercher
un abri pour déposer leurs œufs. On ménage une légère
ouverture par laquelle elles s'introduisent sous le vase.
Quand la colonie est rassemblée, on jette sur le mon-
ceau de terre qu'elle habite, et un peu aux environs, de
la chaux vive, en poudre, que l'on éteint avec de
l'eau.

à huit pouces que la superficie du terrain, elle se trouve encore plus basse quelque temps après. Ces sortes de couches ne sont bonnes à faire qu'au printemps, et on y emploie ordinairement toutes les litières qui ont servi de couverture aux artichauts, figuiers, etc. qu'on mêle avec un peu de fumier neuf, et qu'on mouille bien ; l'année suivante, ces fumiers se trouvent réduits en terreau, qu'on retire pour couvrir les semences du printemps, si l'on n'en a pas besoin pour de véritables couches. Ceux qui veulent commencer à en faire, et qui n'ont pas la facilité de trouver des terreaux à leur proximité, doivent s'en faire le premier fonds par ces couches sourdes, auxquelles il faut qu'ils emploient des fumiers neufs, s'ils n'en ont pas de vieux ; le produit paie la dépense, et le terreau se trouve par-dessus. Ces couches sont particulièrement bonnes pour les concombres, pour toutes sortes de fleurs annuelles, et pour les chou-fleurs et les cardons, qui viennent monstrueux dans cette situation ; les melons même dans certaines années, et surtout dans les climats un peu plus chauds que le nôtre, y réussissent parfaitement, de même que les melongènes, autrement nommées *aubergines :* elles ne demandent aucun soin particulier, que d'être mouillées souvent et amplement, suivant la nature des plantes.

137. L'autre espèce de couches sert pour les champignons uniquement ; mais je me réserve d'en parler en traitant cet article, dont la couche fait tout l'objet (21).

CHAPITRE III.

De l'emploi et de l'économie des Couches.

138. Ce n'est pas assez de savoir dresser et conduire une couche : le grand art est d'en tirer tout le profit qu'elle peut donner, et de savoir allier à propos sur une même couche les différentes plantes que la saison permet d'élever en même temps, et auxquelles la nature de la couche peut convenir. La rave et les melons, par exemple, sur la même couche, sont incompatibles, parce que l'une demande huit à neuf pouces de terreau, et que l'autre n'en veut que deux ou trois ; les plantes même, suivant leur âge, demandent une situation différente ; et cette intelligence, qui ne paraît rien, manque à beau-

(21) Voir à la fin de cet Ouvrage, chapitre LXXIX.

coup de jardiniers qui sèment indifféremment sur une couche toute sorte de plantes, dont ils voient nécessairement périr une grande partie, malgré tous leurs soins. Mais ce n'est pas seulement pour le bien des plantes qu'il faut entendre cette distribution : l'économie des fumiers est encore un objet important ; car telle chose, comme par exemple la laitue à couper ou à repiquer, ne veut rester que quinze jours sur la couche ; telle autre, comme la rave et le radis, y veut rester des mois entiers : or, si vous mêlez confusément ces deux plantes ensemble, une partie de la couche reste inutile après que vous en avez tiré la laitue ; et la rave que vous êtes obligé de réchauffer, vous coûte autant de fumier que si la couche était demeurée pleine. La partie du fumier qui a élevé la laitue, se consomme aussi inutilement, pendant que, mêlée avec d'autres, si elle avait été retirée d'abord, elle aurait servi une seconde fois à élever d'autres plantes. Il est très-important par conséquent de savoir raisonner sa matière pour ménager le temps et la dépense ; car les choses ne font plaisir qu'autant qu'elles n'excèdent pas leur valeur naturelle. Je dirai à cet égard tout ce que mon expérience, et la pratique des maraîchers que j'ai étudiée, ont pu m'apprendre.

139. Les premières couches se font en novembre, et servent à repiquer les laitues semées

en octobre, et à en replanter d'autres semées en
août et en septembre, pour pommer dans les
avents (22) ou au commencement de janvier ;
elles servent de même à faire de nouvelles semences de laitues, soit pour couper, soit pour
faire du plant ; on sème également dans ce mois
des raves et des radis sous cloche, du cerfeuil,
du cresson, on transplante des pieds d'asperges,
d'oseille, d'estragon, de persil, etc. Voici la
distribution que vous pouvez faire de ces différens plants et semences.

140. Il faut séparer d'abord toutes les laitues,
c'est-à-dire la laitue à couper, celle qui est à repiquer, et celle que vous voulez faire pommer
en place ; vous semerez ou planterez de chacune
la quantité que vous jugerez à propos : s'il vous
en faut peu, une seule couche peut occuper le
tout ; mais il faut que chaque espèce soit séparée
pour pouvoir retirer les fumiers à mesure qu'une
place se videra, sans préjudicier au reste.
Pour cet effet, vous aurez attention de mettre la
laitue à couper à un bout, la laitue repiquée au
milieu, et celle qui doit pommer à l'autre bout,
en chargeant cette partie de la couche de six pou-

---

(22) Comme on est aujourd'hui bien moins familia-
risé avec les expressions ascétiques, il n'est pas hors
de propos de faire remarquer que cette époque répond
à-peu-près à la mi-décembre.

ces de terreau ; trois pouces suffisent pour les autres.

141. Vous mettrez de même à part les raves et les radis qui occupent la place jusqu'en janvier et février.

142. Les asperges demandent aussi leur particulier ; le cerfeuil et le cresson peuvent se mêler avec les laitues repiquées, parce qu'ils sont coupés avant même qu'on ne les replante en place.

143. Les pieds d'oseille, d'estragon et de persil, qui ont de longues racines, et qui demandent une grande épaisseur de terreau, veulent aussi leur quartier à part ; mais ils peuvent se mêler ensemble.

144. En *décembre* on fait toutes les mêmes semences et plants du mois précédent, pour avoir une succession des mêmes plantes : il faut donc suivre la même distribution.

145. On commence aussi à semer les premiers concombres hâtifs, et on hasarde quelques cloches de melons qui réussissent quelquefois, mais qui périssent souvent, parce qu'ils demeurent trop long-temps étouffés sous les couvertures. Ces deux articles se sèment sur la même couche où vous semez de la laitue à couper, parce qu'ils sont en état d'être repiqués en même temps que la laitue se lève, et que la même dose de terreau convient à l'un et à l'autre ; mais au cas que vous

me vouliez pas semer de la laitue dans ce mois,
il faut placer vos melons et concombres au bout
d'une couche chargée convenablement de terreau.

146. Le fumier des couches et des réchauds
qui ont servi à élever de la laitue à couper et à
repiquer dans le mois précédent, doit se retirer
actuellement, et se trouve encore bon pour les
nouvelles couches que vous ayez à faire, mêlé
avec autant de fumiers neufs ; tout le reste occupe encore sa place.

147. En *janvier*, on fait pour la troisième fois
toutes les mêmes semences et plants des mois précédens, même distribution par conséquent ; mais
la saison se trouve alors beaucoup plus favorable
pour les semences des melons et des concombres,
qu'il faut semer séparément, parce qu'au bout
de quinze jours ou trois semaines ils demandent
d'être repiqués sur une nouvelle couche. Les
chou-fleurs tendres se peuvent semer ensemble,
d'autant qu'on les repique en même temps ; mais
il ne faut les semer que quatre ou cinq jours après
les melons ; cette graine s'accommode mieux de
la couche tiède que chaude.

148. On réchauffe aussi des pieds de baume,
des cives et autres fournitures de salade, qu'on
peut planter sur la même couche où on replante des
laitues pour pommer, parce qu'elles fournissent
aussi long temps que la laitue demeure en place.

149. On réchauffe encore des fraisiers en pots, qui demandent une couche particulière proportionnée à la grandeur des pots.

150. Dans ce mois, on peut disposer, pour ses nouvelles couches, du fumier de celles qui ont élevé les premières laitues pommées et les premières raves, de même que les premières asperges, outre celui des laitues repiquées qu'on replante alors sur de nouvelles couches, et celui des laitues à couper qui sont levées ; et à proportion que les fumiers sont plus ou moins consommés, on les mêle avec plus ou moins de fumier neuf.

151. On repique dans ce mois des melons et concombres semés en décembre.

152. En *février*, on replante en place plusieurs sortes de laitues pour pommer, et on en repique d'autres.

153. On sème des melons épineux et des melonchins : on sème encore des raves et radis, qu'il faut toujours semer séparément ; et sur la même couche on peut semer, si on veut, quelques carottes qui veulent la même dose de terreau ; et comme les raves sont levées beaucoup plustôt, on en sèmera une seconde fois dans la même place, qui seront venues encore aussitôt que les carottes : autrement, vous pouvez mêler ensemble les graines de raves et de carottes : les

raves seront tirées avant que les autres puissent en être incommodées.

154. On réchauffe pour la dernière fois des asperges et des fraisiers en pots.

155. On commence aussi à réchauffer des figuiers, des pois et fèves en mannequin ; mais tout cela demande des couches dressées exprès suivant la grandeur des caisses et mannequins.

156. Les premières semences se font de pourpier vert et de choux de Milan, et on continue d'en faire de laitues : ces trois choses s'allient ensemble ; et si on veut y joindre quelques fleurs annuelles, comme amarante, giroflée, quarantaine, etc. on peut réunir tout cela, de même que les melons et concombres, dont on doit faire alors une ample semence, parce que toutes ces différentes plantes se coupent ou se repiquent à peu près dans le même temps.

157. On sème des pois Michaux très-épais, pour replanter en pleine terre un mois après, le long de quelque mur bien exposé ; et ceux-là suppléent à ceux qu'on avait semés en novembre et décembre, lorsqu'ils ont péri par la rigueur de l'hiver, ou, s'ils n'ont pas péri, ils leur succèdent.

158. Sur la couche où on repique des laitues, on repique aussi les chou-fleurs, melons et concombres semés le mois précédent.

159. On commence aussi sur la fin de ce mois à replanter en place les melons et concombres de la première semence de décembre ; et autour de chaque pied, on en peut mettre quatre de la semence de février, qu'on retire quand ils sont assez forts pour être mis en place.

160. Si on a des châssis, on garnit les intervalles des melons de toutes sortes de plants et semences ; mais avec des cloches, tout ce qu'on met entre deux est trop en risque d'être gâté, comme je l'ai dit ci-devant.

161. Pour toutes les couches qu'on fait dans ce mois, on reprend de même les fumiers de toutes celles qui ont fini leur service de raves, de laitues pommées ou à couper, de même que celui des asperges, et on les mêle toujours avec du neuf : les réchauds s'emploient de même.

162. En *mars*, c'est la grande plantation de melons et de concombres, qui veulent chacun leur quartier à part ; on peut alors garnir plus librement les espaces vides, soit de semences, soit de laitues, parce que les paillassons peuvent suffire pour défendre les plants des gelées de la saison, avec l'attention de les charger de litière, lorsqu'on les juge insuffisans.

163. On plante aussi les dernières laitues de grosse crêpe, qui pomment sans cloche, de même que les chicons de toute espèce, et on pro-

portionne l'étendue des couches au besoin.

164. On repique encore différentes espèces de laitues, qu'on replante ensuite sur la terre, des choux et plusieurs sortes de fleurs semées dans le mois précédent.

165. On sème pour la première fois du pourpier doré, du basilic, de la chicorée, du céleri, des capucines, des potirons, et plusieurs espèces de fleurs ; tout cela peut se réunir.

166. On sème aussi au commencement du mois, des haricots qu'on remet en pleine terre à la fin d'avril ou au commencement de mai.

167. On sème encore pour la dernière fois, à la fin du mois, des melons et concombres qui peuvent se mêler avec les autres semences, parce qu'on les repique quinze ou dix-huit jours après.

168. Pour tout cela, on assortit les plants et les semences, comme dans les mois précédens, à la nature des couches ; et on emploie de même les fumiers de celles qui ont fini de rapporter.

169. En *avril*, on continue de faire des couches de melons et de concombres, et on repique autour des pieds qu'on met en place, quatre ou cinq jeunes pieds des précédentes semences, qu'on retire quand les gros pieds commencent à leur nuire.

170. On repique aussi dans les intervalles de

5*

cloches, tous les plants des semences de mars, choux, céleri, chicorée, etc., avec l'attention de mettre sur les couches de concombres qui ont six pouces de terreau, les plantes qui piquent le plus, comme le céleri et le chou ; et sur celles des melons, on met les semences et les plantes qui ne font que tracer dans le terreau.

171. On met toujours à profit les vieux fumiers.

172. En *mai*, enfin, on fait les dernières couches de melon, et c'est l'unique plante potagère qui reste à planter ; car les concombres dans cette saison se replantent en pleine terre comme toutes les autres plantes : je n'y comprends pas les fleurs annuelles, dont plusieurs ne réussissent bien que sur couches ; mais, comme je ne traite pas cette partie, je ne fais qu'en passant cette observation, pour avertir ceux qui voudront en élever de profiter des intervalles des cloches, pour en repiquer jusqu'à ce qu'elles soient bonnes à être remises en place, soit sur nouvelle couche, soit sur terre.

173. On continue d'employer à ces dernières couches les vieux fumiers ; et si on en a de reste, on peut en faire des couches sourdes, mêlées avec du neuf ; ou bien on emploie ce reste de vieux fumier, après l'avoir étendu pour le faire sécher, et il sert pour les couvertures de l'année.

CHAPITRE IV.

Fève de Marais (*).

174. CETTE plante est une des plus rustiques, et une de celles qui s'élèvent le plus facilement : elle croît dans les champs comme dans les jardins, et réussit dans toutes sortes de climats, pourvu que le fonds de terre soit un peu frais.

175. Sa racine est en partie droite et en partie rampante, et garnie de beaucoup de fibres. Sa tige s'élève à deux pieds communément, et plus quand elle est en bon fonds : elle est quadrangulaire, cannelée et creuse, fournie de feuilles dans toute sa longueur, placées sans symétrie, et divisées en trois, cinq ou sept parties, séparées par une côte à laquelle elles sont attachées. Ses feuilles sont oblongues, arrondies, épaisses, bleuâtres et lisses ; ses fleurs naissent plusieurs ensemble des aisselles des côtes sur un même pédicule, rangées par ordre du même côté : elles sont légumineuses et blanches, panachées de veines purpurines et pourpres à la base. Les feuilles latérales sont noires au milieu, et blanches sur les bords ; la feuille intérieure est ver-

(*) Faba major : L.

dâtre ; le calice est vert, partagé en cinq quar-
tiers, d'où il sort un pistil qui se change ensuite
par degrés en une gousse longue, épaisse, presque ronde, charnue et velue, remplie de graines
ou de fèves, au nombre de trois, quatre ou cinq :
ces graines étant jeunes, sont d'un blanc verdâ-
tre, de forme ovale, un peu carrées larges
aplaties, et enveloppées d'une écorce dure et
épaisse qu'on nomme *la robe*, ayant une marque
longue et noire à l'endroit où elles tenaient à la
gousse. Étant sèches, elles deviennent rousses,
et la substance intérieure devient dure et solide.
A mesure que la graine sèche, la gousse et la
plante se dessèchent aussi, et tout vient noir.
Chaque pied produit jusqu'à quinze gousses,
quand le fonds et l'année sont favorables, d'autant plus que le même pied produit souvent deux
et trois tiges.

176. Les manières dont on l'apprête sont
assez connues : on la mange au beurre, ou au
lard, ou à la crême ; dans la nouveauté, elle
fait un plat d'entre-mets, dont les gens friands et
délicats sont fort empressés. Pour cet apprêt on
prend la fève de marais dans le temps qu'elle est
très-petite, c'est-à-dire, de la grosseur d'une
grosse fève de haricot, ou un peu plus : on ne lui
ôte que le bout du germe avec l'ongle pour l'accommoder. Le peuple s'accommode mieux des

fèves de marais quand elles sont plus grosses : on les *dérobe* alors, pour me servir du terme inusité ; on les fait cuire avec un peu d'eau, après elles avoir fait roussir légèrement dans le beurre ; on y met ensuite du poivre et du sel, avec une pincée de sariette, dont le goût relève celui de la fève de marais, qui est un peu fade de sa nature. Elle a encore le défaut d'être pesante et venteuse, et de resserrer beaucoup : on ne doit pas trop en manger, quand on n'a pas l'estomac à toute épreuve.

177. Ce légume a des propriétés pour la médecine ; sa farine est une des quatre résolutives qu'on emploie fort communément dans les cataplasmes pour amollir, résoudre et disposer les tumeurs à suppurer ; dans les cours de ventre, lorsqu'il est permis de les arrêter, la bouillie faite avec cette farine et du lait, est un bon remède. La cendre des tiges et des gousses de cette plante brûlée, est apéritive : on en fait bouillir une once dans une pinte d'eau, qu'on fait filtrer ensuite et boire aux hydropiques. L'écorce et la gousse de ce grain, qu'on fait infuser du matin au soir dans un verre de vin blanc, au poids de trois gros, est un remède presque infaillible pour les rétentions d'urine. L'eau distillée des fleurs est un excellent cosmétique pour faire passer les taches et les rousseurs du visage.

178. On cultive dans ce pays cinq différentes espèces de fèves, savoir : la grosse espèce, la julienne, la picarde, et deux sortes de petites qu'on appelle *féverolles* : ces deux dernières ne sont bonnes que pour les chevaux, et ne se sèment que dans les champs. Je n'en dirai pas davantage.

179. Des trois autres espèces, la grosse est celle qui est la meilleure, et à laquelle on doit s'attacher pour son usage particulier ; les deux autres sont beaucoup plus petites, et ont le goût plus sauvage : on ne s'en sert qu'au défaut de la première, et elles ne sont mangées que par le peuple qui s'accommode de tout. On en cultive peu aux environs de Paris, quoiqu'il s'en consomme autant que de l'autre ; on les apporte des pays écartés, par préférence à la grosse espèce, parce qu'étant plus dures, elles résistent mieux à la voiture, et que d'ailleurs la semence en est beaucoup moins chère pour ceux qui en font trafic.

180. La grosse espèce se sème dans les mois de décembre et de février ; on en risque un peu dans cette première-saison. Lorsqu'elles peuvent se conserver, elles sont de quinze jours plus hâtives que celles de la seconde semence ; mais elles périssent souvent : les mulots, les pies et les corneilles les mangent, ou les gelées les détruisent, à moins qu'elles ne soient bien abri-

stées, et soigneusement couvertes dans les temps
de neige et de gelée. Il est donc à propos de remettre au mois de février la plus forte semence.

181. On les sème en planche ou en plein carré,
par rayons ou par touffes ; cette dernière façon
est la meilleure, parce qu'on les serfouit plus
facilement ; trois suffisent dans chaque touffe,
qu'on espace d'un pied ou de quinze pouces. On
les serfouit au mois de mars ou d'avril, suivant
leur force : on les chausse un peu en même
temps ; on les laisse croître sans prendre d'autre
précaution.

182. Elles fleurissent en mai, et on les arrête
alors, c'est-à-dire, on pince les bouts des tiges :
la fleur arrête mieux, les gousses en viennent
plus belles, et le puceron, qui est leur ennemi,
s'y attache beaucoup moins, quand cette partie,
qui est la plus tendre, est supprimée. Si cette
vermine les a déjà gagnées, il faut ramasser dans
des paniers ces bouts de tiges qui en sont infectés, et les jeter loin, ou les enterrer.

183. Avant que de les semer, beaucoup de
personnes, esclaves des anciennes pratiques, les
font tremper, soit dans de l'eau naturelle, soit
dans de l'eau de fumier, dans l'opinion que cela
les fait plus tôt germer et lever ; pour moi qui en
ai fait l'expérience pour ma règle, le seul effet que
j'en aie aperçu, c'est qu'après les avoir ainsi

trempées, il en pourrissait beaucoup en terre qui ne levaient pas, et que les autres n'avançaient pas davantage : chacun pourra l'éprouver.

184. On doit choisir la meilleure terre qu'on ait pour placer ce légume, qui ne s'accommode point des terres légères ; et mieux la terre a été fumée et labourée, plus il rapporte.

185. Les premières semées commencent à donner à la fin de mai leur fruit, qui n'est désiré par les gens délicats qu'autant qu'il est petit : ainsi on doit le saisir dans ce moment, et les gousses qui succèdent les unes aux autres, fournissent trois semaines environ.

186. On peut continuer d'en semer jusqu'à la fin d'avril ; mais, passé ce mois, la fleur qui arrive dans les grandes chaleurs, est sujette à couler ; le puceron s'y joint et les ruine. Ce qu'on peut faire sans frais aux risques de l'événement, c'est de couper au mois de mai ou de juin, à fleur de terre, les premiers pieds qui ont rapporté ; il repousse de nouvelles tiges, qui donnent du fruit en août et en septembre, si l'insecte ennemi ne s'y attache pas.

187. On éserve pour graine la quantité dont on a besoin, et on arrache les pieds quand la gousse et le cossat sont noirs et secs ; onles bat ensuite, et on enferme le grain sèchement, avec l'attention de le garantir des rats et des souris

pqui en sont friands. Ce grain se conserve bon
deux années sur terre ; à la troisième, il n'en
lève guère (23).

188. Quelques particuliers en font sécher en
vvert pour manger pendant le carême, et voici la
manière. On les prend à une bonne grosseur ;
on leur ôte leur robe ; on les enfile en chapelets
et on les met premièrement à l'ombre pendant
quelques jours ; ensuite on les expose au soleil
jusqu'à ce qu'elles soient bien sèches, et on les
enferme dans un lieu sec ; mais, à les bien apprécier, c'est un mauvais manger qui se réduit en
bouillie, et qui est plus dégoûtant qu'appétissant.

189. Un auteur a avancé que, pour bien fumer
une terre, il fallait la semer en fèves, et labourer
avec toute la plante, qu'on enterrait bien quand
elle commençait à fleurir, et que cet amendement
était préférable à tous les fumiers : je ne connais personne qui en ait fait l'épreuve, je ne
saurais par conséquent ni l'approuver, ni la rejeter ; mais je sais, pour en avoir été témoin
souvent, que, dans le royaume de Naples, beaucoup de particuliers fument leurs terres avec une

(23) Il ne faut écosser les graines qu'au moment où
on les sème : elles se gardent beaucoup mieux dans leurs
gousses placées dans un lieu sec et obscur. La fève, par
exemple, conserve par ce moyen sa vertu germinative
pendant cinq ou six ans.

plante à-peu-près semblable, dont je n'ai pas
retenu le nom, qu'ils laissent croître fort haut, et
qu'ils enterrent de même : d'où je présume que
cette sorte de fumure pourrait être bonne ; mais
il faut calculer si elle serait plus d'économie que
le fumier ; car on perd la récolte d'une année,
la semence et les frais de deux labours : cependant, dans les pays où on ne peut pas trouver de
fumier , peut-être cette pratique serait-elle bonne
et utile.

CHAPITRE V.

Haricot (*).

190. LE nom de haricot est commun à la
plante et au fruit qu'elle produit : pour distinguer cependant la gousse qu'on mange en vert,
d'avec le grain lorsqu'il est séparé de sa gousse,
on dit *haricot vert* et *haricot blanc* ; et lorsque le
grain est sec, on dit *haricot sec* ou *fève de haricot*.

191. Cette plante est universellement connue,
et il s'en fait une grande consommation en tout
pays. Quelques espèces filent, c'est-à-dire, montent ; les autres demeurent basses , d'où on les

(*) Phaseolus vulgaris : L.

appelle *haricots nains*. La feuille est uniforme
dans toutes les espèces de ce pays ; elle est disposée comme celle du lierre, je veux dire, divisée en trois parties presque égales qui naissent
ensemble sur la même queue, toutes trois terminées en pointe, d'un beau vert de pré, lisses,
minces et unies sur les bords. Ses fleurs sont
sans nulle odeur, petites, d'une forme irrégulière ; blanches ou purpurines, suivant l'espèce,
et sortent des aisselles des feuilles par bouquets
de quatre, six, huit ou dix, placées de deux en
deux par échelons le long du rameau où elles tiennent. La tige est extrêmement déliée, et ne se
soutient qu'en s'accrochant aux tiges voisines,
au défaut d'autre appui.

192. A la fleur succède la gousse, qui est plus
ou moins longue, suivant l'espèce, et large d'un
travers de doigt ; elle renferme les grains au
nombre de cinq ou six, plus ou moins, qui se
détachent aisément lorsqu'elle est sèche.

193. Ce légume est employé si fréquemment
dans la cuisine, qu'on peut dire qu'il est le plus
assidu au foyer. Il est de toutes les saisons, de
toutes les conditions, et du goût des plus délicats :
il se mange en gras comme en maigre, et en beaucoup de façons. En vert avec sa gousse, on l'accommode au jus, au beurre, et à la crême ;
mais il faut lui ôter exactement ses filets et les

deux extrémités; en grains tendres, on lui donne les mêmes apprêts ; sous les viandes rôties il est particulièrement bon. Sec, on le fricasse de plusieurs manières : on le mange en salade : on en fait des purées. Lorsqu'il est confit, il tient parfaitement sa place dans les entremets, soit au jus, soit à la crême ; et, quoiqu'il soit fort difficile de résister à la tentation d'en manger, en quelque façon qu'il soit présenté sur table, il est pourtant à propos de prévenir qu'en grain il est venteux et pesant sur l'estomac, et par cette raison que certains tempéramens doivent en manger avec modération.

194. Ses propriétés pour la médecine sont d'être amollissant, apéritif et résolutif : on emploie sa farine très-communément dans les cataplasmes pour amollir, résoudre et disposer les tumeurs à suppurer. L'eau distillée des haricots verts, prise le matin à jeun au bain-marie, à la quantité de trois ou quatre onces, est bonne contre la gravelle. On assure que le grain mâché, et appliqué sur la morsure des chevaux, guérit la blessure.

195. Il y a une infinité d'espèces de haricots. Un particulier de ma connaissance en a rassemblé par curiosité soixante-trois, toutes très-distinctes en forme et en couleur, mais qui n'ont que fort peu de différence en goût et en qualité.

Je n'entreprendrai point de les détailler, pour ne point m'écarter de mon objet, qui est de rendre mon ouvrage moins curieux qu'utile, et je m'en tiendrai à quinze ou seize reconnùes pour les meilleures, et très-suffisantes pour nos besoins. Ceux dont le climat et le terrain sont plus propres à quelques espèces, auront raison de les cultiver; et je ne doute pas que certaines qui n'ont qu'une qualité médiocre ici, et qui, par cette raison, sont abandonnées, ne puissent être beaucoup meilleures dans d'autres pays : je me rappelle moi-même en avoir mangé avec plaisir, dans le Levant, de plusieurs sortes que je n'ai jamais vues en France. Les seize espèces dont je fais choix sont : 1 le haricot gris. 2 le grivelé. 3 le petit blanc nain hâtif. 4 le plat blanc hâtif. 5 le sans parchemin. 6 le blanc commun. 7 le rognon de Caux. 8 de Soissons. 9 le petit rond blanc. 10 le Suisse blanc. 11 le Suisse gris. 12 le Suisse rouge. 13 de Prague. 14 le gros à confire, de Hollande. 15 le cardinal. 16 d'Espagne (24).

----

(24) Voici le nom des principales variétés recherchées aujourd'hui : Haricot de Soissons; Prédome ou Prodomet; H. de Prague; H. Sabre; H. Sophie; H. riz; H. Flageolet ou nain hâtif de Laon; H. nain de Soissons; H. nain blanc sans parchemin; H. Sabre nain; H. nain blanc d'Amérique; H. Suisse, soit blanc, soit gris, soit rougeâtre; H. gris de Bagnolet; H. ventre de biche;

196. Toutes ces espèces se multiplient de la graine ou du grain, qu'on met en terre à la fin d'avril dans les terres chaudes et légères, et à la mi-mai dans les fonds plus tardifs. Nulle plante n'est si délicate, et ne demande la terre si bien préparée et fumée en même temps : il faut qu'elle ait eu un bon labour avant l'hiver, un second à la fin de février, et un binage avant la semence. Ces trois façons se paient amplement par le produit, et j'ai l'expérience que ceux qui ménagent celle de février, perdent au lieu d'épargner. La terre doit être meuble aussi de sa nature, et bien amendée. Dans les fonds gras et humides, le grain est fort sujet à pourrir ; et s'il lève, la plante est toujours languissante, jaunit, et ne produit que peu. Cette plante a un avantage sur toutes les autres qu'il faut changer de place tous les ans ; mais celle-ci réussit mieux la seconde année dans la même terre, pourvu qu'on la secoure d'un peu de fumier ; le grain vient plus clair et plus uni.

197. C'est avec la houe (*) ou la binette qu'il faut semer les haricots, soit en plein champ, soit en planches ou en bordures ; et voici la ma-

---

H. noir ; H. rouge d'Orléans ; H. nain jaune duCanada, etc. Le meilleur à confire est le Haricot gris de Bagnolet.

(*) Cet outil étant peu connu en beaucoup de pays,

imière. On retire d'abord deux houées de terre
de la place qu'on lui destine, et on les jette sur
le côté, l'une à droite et l'autre à gauche. On
donne ensuite plusieurs coups de cet outil tranchant pour ameublir la terre ; on en tire encore
une bonne houée qu'on tient en l'air d'une main,
pendant que de l'autre on répand la semence au
fond de la petite fosse qu'on fait, et on rejette
cette houée par dessus, qu'on égalise un peu d'un
tour de main, de deux pieds en deux pieds ; on
continue tant que le terrain a de longueur, et
suivant l'espèce on met plus ou moins de grain.
On recommence une seconde rangée quand la

et se trouvant néanmoins le plus commode que je connaisse pour la plupart des semences des grains, pois, fèves, haricots, blé de Turquie, etc. j'explique ici la
manière de s'en servir pour ceux qui ne la connaissent
pas, et qui voudront l'éprouver. J'expliquerai en même
temps sa forme. Le fer porte treize à quatorze pouces de
longueur, sur huit du côté de la douille, et sert à l'autre extrémité qui se trouve par-là carrée. Il doit être
un peu recourbé dans son milieu, et tranchant à l'extrémité, qui doit être d'acier bien battu, de l'épaisseur
d'une ligne ou une ligne et demie au plus ; à l'autre extrémité se place la douille, qui doit être coudée de manière que par sa disposition le manche revienne sur
l'outil, et prenne le même tour. Ce manche doit être un
peu courbe comme le fer, et ne doit s'en trouver écarté
que de cinq à six pouces du côté de son tranchant, et
de trois attenant la douille ; sa longueur est bonne à dix-
huit pouces. (*Note de De Combles.*)

première est finie ; et on dispose les touffes en échiquier, à même distance de deux pieds. On a soin d'écraser les mottes, et d'ôter les pierres s'il s'en trouve.

198. Au bout de quinze jours la semence doit lever ; mais si, dans cet intervalle de temps, il survient des pluies d'orage qui battent la terre, le grain qui ne saurait percer la croûte qui se forme au-dessus, surtout quand il y succède quelques journées de chaleur, a besoin d'être secouru ; et il faut, avec quelque léger instrument, rompre cette croûte pour lui donner facilité de sortir, sans quoi il périt entre deux terres.

199. Un mois après, quand les pieds ont pris un peu de force, on les chausse, c'est-à-dire, on remet autour de la touffe la terre qu'on avait jetée sur le côté en le semant, et par cette façon la terre se trouve brisée en même temps ; c'est après une petite pluie que cet ouvrage est bon à faire.

200. Si on veut les ramer, c'est aussi le moment de piquer les rames, et ils produisent une fois plus.

201. Trois semaines après, ils sont ramés ; on passe dans les rangs pour aider aux tiges, qu'on nomme *filets*, à s'accrocher aux rames.

202. Il y a des pays, tels que les environs de Chartres, où on coupe les filets à mesure qu'ils

se forment, et ils ne laissent pas d'avoir une abondance de grains : je crois cette méthode fort bonne quand on ne les rame pas ; car, toute la sève demeurant dans le pied, les premières fleurs tiennent toutes, le grain en est mieux nourri, et il en coûte moins de frais et d'embarras. Tout au moins, quand les filets ont atteint le bout des rames, il faut les arrêter ; car ils font confusion, et consomment inutilement beaucoup de sève dont le bas profiterait.

203. S'il pousse beaucoup de mauvaises herbes, comme il arrive dans les années pluvieuses, il faut les sarcler à la main et avec adresse pour ne pas nuire aux plantes ; mais ordinairement la façon qu'on leur donne en les chaussant est la dernière. —

204. On les cueille enfin en vert au mois de juillet, si on en a besoin. On doit se servir des deux mains, l'une qui tient la queue de la gousse, et l'autre qui la tire pour ne pas rompre les filets ; mais pour le mieux, il est à propos de destiner un canton exprès pour ceux qu'on veut manger de cette manière, sans toucher à ceux qu'on veut laisser sécher ; et à l'égard de ceux-ci, si ce sont des nains, il faut attendre que les plantes soient dépouillées de toutes leurs feuilles, et que les gousses soient sèches : on en fait des bottes, et on les enlève dans un temps sec. Mais si ce sont

des haricots ramés , comme les gousses ne sèchent
que les unes après les autres , il faut les cueillir
à fur et à mesure ; sans quoi il arrive que celles
du bas , qui sont les premières sèches , s'ouvrent
en partie , et le grain tombe , ou bien il chancit
et se rouille dans sa gousse , s'il arrive des temps
pluvieux ; et c'est autant de gâté.

205. Si on a de la place pour les fermer sèchement , tant les uns que les autres , on fait mieux
de ne les battre qu'au moment du besoin , car ils
se conservent deux ans de plus ; et les blancs
conservent mieux aussi leur blancheur et leur
émail. Ce légume a le privilége qu'aucun insecte
ne l'endommage comme les autres , ainsi on n'a
rien à craindre lorsqu'ils sont battus sur-le-champ.
Ils ne sont bons à semer que pendant deux ans
au plus , car à la seconde il en manque une partie.

206. Pour avancer ce fruit et en jouir dès les
premiers jours de juin , on le sème fort épais
sur couche au commencement de mars. Il lève
promptement , et on a grand soin de le couvrir
dans les mauvais temps ; on le transplante ensuite
à la fin d'avril au pied des murs du midi , où il
reprend facilement en le mouillant un peu ; mais
cela n'est bon à pratiquer que pour les nains hâtifs. La couche doit être chargée de six pouces
de terreau.

207. Si vous voulez confire des haricots en

vert pour l'hiver, choisissez les plus tendres, et jetez-les dans l'eau bouillante pendant un quart-d'heure ; passez-les de-là dans une eau fraîche, enfilez-les ensuite avec du fil, mettez-les après à l'air pendant deux ou trois jours à l'ombre, et autant au soleil, ou, au défaut du soleil, faites-les ressuyer sur des claies au four, en observant qu'il ne soit que tiède : se trouvant suffisamment ressuyés, retirez-les, enfermez-les sèchement dans des boîtes ou sacs de papier. Pour vous en servir faites-les revenir pendant vingt-quatre heures dans une eau tiède, dans laquelle vous aurez jeté un morceau de beurre manié, et faites-les cuire dans la même eau ; donnez-leur ensuite l'assaisonnement qu'il vous plaira, et vous les trouverez aussi tendres que dans leur saison ; mais, à dire vrai, le goût en est bien changé.

Je viens à la description des espèces. Le haricot gris est une des premières qu'on sème dans les terrains hâtifs, et qui les premières fournissent à Paris. Il ne s'élève point, ce qui est un avantage ; car on le place plus commodément partout, surtout au pied des murs pour l'avancer, sans qu'il nuise aux arbres. Sa fleur est purpurine, sa gousse fort longue et tendre, et son grain d'une bonne grosseur, fort allongé et arrondi, de couleur noire, jaspé de blanc. On n'en fait ordinairement usage qu'en vert ; cependant son grain

est un des plus moëlleux et des meilleurs qu'il y
ait, il n'a contre lui que sa couleur qui déplaît,
parce qu'il rend la sauce noirâtre ; cependant,
avec l'aattention de jeter l'eau quand il est à moitié cuit, et de la remplacer avec une eau bouillante, on corrige en partie ce défaut. Il rapporte
beaucoup.

208. Le haricot grivelé n'a pas le grain si
moelleux ; il est d'une espèce à-peu-près semblable pour la hâtiveté ; sa fleur est purpurine ; et
sa gousse de grosseur médiocre, assez allongée,
tendre et rayée de rouge. Son grain est gris-de-
lin jaspé de noir ; il rapporte beaucoup quand
il est ramé. On n'en fait communément usage,
comme du précédent, qu'en vert, par la même
raison que son grain rend la couleur de la sauce
noire ; on peut pourtant la corriger de la même
manière que nous l'avons dit ci-dessus.

209. Le haricot blanc nain hâtif donne son
fruit en même temps que les deux précédens ; il
ne file point, comme son nom l'annonce, et cependant il rapporte extraordinairement, surtout
si on le cueille souvent. Sa fleur est blanche, et
sa gousse longue et unie ; son grain est de même blanc, mais d'un blanc parfait, lisse et lustré ; il est menu, allongé et un peu arrondi. On
le mange en vert et en sec, et il est fort bon de
l'une et de l'autre façon : c'est de toutes les es-

espèces celle qui donne le plus de plaisir et de produit dans un jardin bourgeois ; à cela près que le
grain sec ne renfle par tant que les grosses espèces, dont je parlerai à la suite.

210. Le haricot blanc plat hâtif est encore,
pour la hâtiveté, de la même classe que les précédens ; il file et charge beaucoup quand il est ramé. Sa fleur est blanche et sa gousse de moyenne
longueur ; son grain est de médiocre grosseur,
court, aplati et assez blanc. On en fait usage
en vert et en sec, mais, mangé en sec, on ne
lui trouve pas la perfection de quelques autres.

211. Le haricot sans parchemin est le plus
estimé pour être mangé en vert, par la raison
que sa gousse n'a pas en dedans cette petite pellicule, qu'on nomme *parchemin*, commune à
toutes les autres espèces, ce qui le rend plus tendre et plus agréable au manger. Il a encore l'avantage de donner son grain bien plus tôt qu'aucun
autre ; il est passablement tendre et moelleux, et
en même temps aussi hâtif que les précédens ; il
fournit beaucoup étant ramé. Ses qualités lui méritent avec justice l'empressement de ceux qui le
connaissent. Il a la fleur blanche, la gousse fort
longue, le grain court, aplati, blanc et de
moyenne grosseur. On en fait usage en vert et
en grain tendre avec le même plaisir : en sec il
n'a rien qui le distingue.

212. Le haricot blanc commun est celui qu'on
trouve partout, et dont il se fait le plus d'usage
dans les provinces où les espèces plus distinguées
ne sont pas connues, et où peut-être elles ne
réussiraient pas si bien qu'aux environs de Paris.
Sa fleur est blanche, sa gousse médiocre, et son
grain court, aplati, d'un blanc un peu sale ; il
file et charge beaucoup quand il est ramé. On le
mange également en vert, en grain tendre, et
en sec.

213. Le rognon de Caux (25) est ainsi nommé, parce que son germe est enfoncé, et qu'en
tout il a la ressemblance, pour la forme, d'un
rognon de mouton ; c'est une très-bonne espèce
fort estimée et qui charge beaucoup étant ramée.
Sa fleur est blanche, et sa gousse fort allongée,
mais moins remplie que quelques autres ; son
grain est un peu menu, allongé, et d'un blanc
assez parfait, lisse et lustré. On le mange de
toutes les façons, mais en sec c'est un des plus
estimés, étant moelleux et tendre ; il succède aux
premières espèces.

214. Le haricot de Soissons est celui qui
tient le premier rang pour être mangé en sec ou
en grain tendre, et qui cuit le mieux. Il charge
beaucoup quand il est ramé ; mais il est sujet à

---

(25) Rognon de Coq et non pas Rognon de Caux.

...acher dans les années pluvieuses. Il faut être attentif à ramasser les gousses à mesure qu'elles
sèchent. Sa fleur est blanche, sa gousse très-
longue, mais peu remplie ; son grain fort aplati,
d'un blanc et d'un émail supérieurs à tous les autres : c'est l'espèce la plus tardive. Il est aussi
bon en vert que les autres, étant pris fort jeune ;
mais on le réserve toujours pour manger en grain
tendre ou en sec.

215. Le petit haricot rond, blanc, est la plus
petite de toutes les espèces ordinaires, et la
meilleure, au goût de bien des gens, pour être
mangé en sec : il est tendre, moelleux ; il cuit
parfaitement, ayant même quelque chose de distingué dans le goût. Il file, et charge prodigieuse-
ment quand il est ramé. Sa fleur est blanche, sa
gousse petite, mais bien remplie ; son grain presque rond en tous sens, est d'un blanc un peu roux.
On n'en fait usage qu'en sec, et il est de fort bon
rapport.

216. Le haricot Suisse blanc est une espèce
destinée à être mangée en vert ; il charge beaucoup, quoiqu'il soit nain. Sa fleur est blanche,
sa gousse fort tendre et longue ; son grain est
de moyenne grosseur, allongé, arrondi, d'un
blanc roux, fort médiocre en qualité : il est assez
hâtif, aussi n'en fait-on guère usage qu'en vert.

217. Le Suisse gris n'a d'autre différence d'a-

vec le premier que j'ai qualifié que la couleur de son grain, qui est d'un rouge noirâtre, marqueté de noir : il est nain comme le blanc, et n'est destiné qu'à être consommé en vert.

218. Le rouge est de la même classe, à cela près que sa couleur est d'un plus beau rouge, jaspée de plusieurs couleurs qui varient suivant les terrains.

219. Le haricot de Prague, autrement nommé le *haricot à la Reine*, parce que, dit-on, Sa Majesté fut la première à qui il fut présenté il y a quelques années, est une espèce singulière, qui n'est cultivée que dans quelques jardins particuliers, et qui devrait être plus répandue. Sa fleur est purpurine, et sa gousse extrêmement petite, mais très-remplie. Son grain n'a aucune forme décidée ; il s'en trouve de carrés et de ronds, d'autres disposés en pendeloques, les uns plus petits, les autres plus gros, mais tous plus menus que les plus petits pois : sa couleur est isabelle, jaspé de cannelle. On ne le mange ni en vert, ni en grain tendre, mais en sec : il a un goût fin et distingué qui le rend précieux à ses amateurs, particulièrement servi en salade à l'huile et au vinaigre. On le sème et on le cultive comme les autres espèces ; il n'est ni plus délicat à élever, ni plus tardif à donner son fruit : on observera seulement qu'il faut nécessairement le

ramer, si on veut en tirer un véritable profit ;
et dans cette disposition il rapporte une quantité incroyable de gousses et de grains, qui dédommage bien de la petitesse.

220. Le gros haricot à confire de Hollande,
nommé en allemand *schewert*, qui signifie *sabre*,
par la raison qu'il imite la forme d'un sabre, est
une espèce extraordinaire par le volume de sa
gousse qui porte sept à huit pouces de longueur,
sur un bon pouce de largeur. Sa fleur est blanche,
assez grande ; et son grain arrondi, blanc, gros
et court. On le confit au sel pour l'hiver, et c'est
presque la seule manière dont on l'emploie. Il
s'en fait une consommation immense en Hollande
et dans les pays voisins ; mais on ne le connaît
presque pas en France.

221. Le haricot cardinal est une espèce nouvelle, dont je ne connais pas le pays originaire.
Sa fleur est blanche, sa gousse assez longue,
mais peu remplie, et son grain aplati et fort
gros ; sa couleur est blanche dans toute la circonférence, et pourpre tout autour du germe :
c'est ce qui le distingue le plus ; car il n'a rien
de particulier d'ailleurs, ni pour le goût, ni pour
le produit ; il a au contraire le défaut de mûrir
fort tard et fort difficilement, ce qui fait qu'il
rapporte peu, et quelquefois rien du tout.

222. Le haricot d'Espagne est une espèce sin-

gulière, qu'on cultive plus pour la fleur que pour le fruit ; cette fleur est semblable à celle des autres, mais d'une couleur de feu parfait, et il en produit abondamment pendant trois mois, pourvu qu'il soit ramé : il s'élève jusqu'à dix à douze pieds, s'il trouve à s'accrocher. A la fleur succède la gousse qui est fort longue, d'un gros vert, et rude sous le doigt. Le grain qu'elle renferme est double en grosseur de toutes les autres espèces. Sa couleur est gris-de-lin, jaspé de noir en plus grande partie. Il ne se mange pas d'ordinaire ; cependant on commence d'y prendre goût, et moi-même, l'ayant goûté, je ne l'ai pas trouvé différent des autres ; mais il pèche par la couleur comme le haricot gris et Suisse. Je ne fais mention des quatre espèces qui suivent, que pour en donner quelques-unes de pure volonté.

223. Le haricot de la Chine file comme les nôtres ; il a la feuille plus petite ; sa fleur est gris-de-lin dans les uns, et blanche dans les autres : elle sort des aisselles des feuilles en bouquets de dix à douze, disposée à peu près comme un rameau de giroflée, et il s'en forme jusqu'à vingt-cinq et trente sur chaque pied. La plus grande partie des fleurs donne du fruit, et communément il s'en trouve huit ou dix sur chaque grappe, qui sont conformées comme les gousses ordinaires, mais plus courtes, plus larges

plus renversées, avec cette différence de plus, que les deux côtés sont hérissés de petites dents pointues en manière de scie, et que la peau est rude et raboteuse. La fève dans sa maturité est ronde et aplatie comme une lentille, mais deux fois plus grosse, et d'un noir parfait, liserée d'un filet blanc dans la moitié de sa circonférence. C'est par cette ressemblance de rondeur avec les pois, que quelques-uns l'appellent *pois de la Chine* ; mais la feuille, la tige et la gousse le caractérisent bien haricot. Il multiplie extraordinairement. J'ai compté sur un seul pied que j'avais élevé sur couche, jusqu'à deux cents et quelques gousses : en pleine terre il ne fournissait pas tant ; mais il fournit toujours beaucoup, pourvu qu'il ait été avancé sur couche, et replanté au pied de quelque mur bien exposé. J'en ai fait cuire une poignée pour en connaître le goût, je l'ai trouvé particulier : peut-être aurait-il des amateurs ; mais j'avoue que, quoiqu'il n'ait rien de mauvais, il ne m'a pas flatté. Sa couleur dans l'apprêt ne prévient pas ; peut-être dans son pays naturel a-t-il d'autres qualités qu'on ne lui trouve pas ici, ou des vertus que nous ne connaissons pas.

224. La première espèce de haricot du Mississipi se multiplie de graine comme les autres. Il faut la semer ici de bonne heure sur couche,

et la replanter ensuite à une bonne exposition :
elle porte une tige droite, ronde et lisse, de la
grandeur d'une plume à écrire, qui s'élève à dix-
huit pouces ou deux pieds ; les feuilles sont dis-
tribuées partie à droite et partie à gauche, diamétralement opposées, à un pouce les unes des autres, placées en échelon de perroquet, et disposées en trois parties égales comme celles des haricots ordinaires, mais d'une forme tout à fait
différente, n'ayant qu'un pouce environ de longueur, et formant un ovale parfait, lisses et unies
sur les bords. Les tiges qui portent le fruit naissent des aisselles des feuilles dans le bas de la
plante, au nombre de six ou huit, et portent
douze à quinze pouces depuis leur naissance jusqu'aux premières siliques, qui sont ramassées
en forme d'aigrette à l'extrémité. Les fleurs sont
purpurines, formées à peu près comme toutes
les fleurs du haricot, mais si petites, qu'à peine
aperçoit-on leur forme. A ces fleurs succèdent
des siliques ou gousses qui renferment la semence ;
ces siliques sont de la longueur du doigt, arrondies et menues comme de la petite ficelle : elles
contiennent chacune quinze à dix-huit grains de
couleur brune, conformés à peu près comme le
petit haricot blanc rond, de la grosseur au plus
d'un grain de millet. Par ce détail on jugera avec
raison que ce grain n'est pas capable de servir

d'aliment. On ne fait usage effectivement que de
sa silique en vert, menue comme elle est; il en faut
une grande quantité pour en faire un plat : d'où
il faut conclure qu'elle a apparemment un mérite
que nous ne connaissons pas. J'ai cru d'abord
que la plante venait plus forte au Mississipi qu'elle
ne vient ici ; mais on m'a assuré qu'il y avait fort
peu de différence, et que c'était un manger exquis pour ses habitans. Pour nous, nous ne
pouvons guère considérer cette plante que comme une curiosité.

225. La seconde espèce du Mississipi est
tout opposée à la précédente ; la tige est faible
comme celle des haricots ordinaires, et file également ; la feuille est disposée de même, mais
elle est plus grande, et les trois parties qui la
composent sont régulièrement ovales, terminées
en pointe. La fleur est aussi conformée de même,
mais beaucoup plus grande, et de couleur de
rose mêlée de blanc : la gousse qui y succède est
extraordinairement longue et grosse, et renferme plusieurs fèves grosses, courtes, presque
carrées, d'un blanc roux, ayant le germe noir.
Je n'en connais pas le goût ; je l'ai vue seulement au Jardin du Roi, où elle a été apportée
nouvellement : on peut assurer simplement que,
si elle se naturalisait dans notre climat, elle serait d'un grand rapport ; c'est ce qu'on saura sans

doute plus certainement dans quelques années.

226. Le haricot d'Amérique est une espèce qui file comme les nôtres, mais dont la tige est fort déliée, et la feuille extrêmement petite : la fleur est proportionnée ; et la silique qui y succède n'a qu'un pouce environ de longueur, et ne contient qu'un ou deux grains presque ronds, de couleur café, et de la grosseur d'un grain de plomb à lièvre. A cette description, nul de ceux qui cultivent des haricots pour le profit et la multiplication, ne sera, je pense, tenté de faire des essais sur celui-ci.

227. Il y a encore plusieurs autres espèces de haricots à peu près semblables, que je passe sous silence, d'autant qu'elles n'intéressent que la curiosité, comme je l'ai déjà remarqué : ainsi je crois devoir terminer ici cet article.

CHAPITRE VI.

Pois (*)

228. QUOIQUE le pois soit connu partout, et cultivé presqu'autant que le blé, cependant, pour suivre toujours le plan que je me suis fait de

(*) *Pisum Sativum Hortense* : L.

donner la description exacte de toutes les plantes potagères, je décrirai celle-ci.

229. Le pois en général, de toutes les espèces, est conformé à peu près de la même manière ; sa tige est unique, lisse, creuse, et faible, s'élevant plus ou moins, suivant l'espèce.
Ses feuilles sont d'un petit vert bleuâtre ou céladon, placées de distance en distance le long
de sa tige : elles forment d'abord deux espèces
d'oreilles annexées à la tige, et du milieu sort
une côte qui jette quatre ou six feuilles ovales,
placées régulièrement à ses côtés, et terminées
par plusieurs vrilles qui lui servent à s'accrocher
aux autres pour se soutenir, quand il n'a pas
le secours des rames. Des aisselles de ces mêmes
oreilles, plus ou moins haut, suivant l'espèce,
sort la fleur, dont le calice est un godet dentelé,
qui pousse le pistil : cette fleur est composée de
quatre fleurons inégaux, dont la couleur est
blanche ou rouge, suivant l'espèce, marquée
d'une tache purpurine. Chaque bouquet est composé ordinairement de deux fleurs égales ; quelquefois il n'y en a qu'une, et dans la longueur
de la tige il s'en trouve jusqu'à six et huit : à ces
fleurs succède la cosse qui renferme le pois,
qui est plus ou moins allongé, suivant l'espèce.

230. Si ce légume était aussi bienfaisant qu'il
est agréable à manger, le plus grand nombre, je

pense, voudrait s'en nourrir toute l'année ; mais on lui reproche avec justice d'être venteux et indigeste : cela n'empêche pas cependant qu'on n'en soit extrêmement empressé, surtout dans la nouveauté, qu'on les paie à Paris jusqu'à cent et cent cinquante livres le litron, mesure qui contient environ trois demi-setiers, ou trois quarts de pinte.

231. Le pois en général n'est presque d'aucun usage dans la médecine, si on en excepte le pois chiche et le lupin, dont je parlerai en particulier ; on substitue pourtant au besoin sa farine à celle des lupins et de la vesce ; elle est également résolutive et émolliente ; sa décoction est aussi laxative et adoucissante. Quelques-uns prétendent que les pois de toutes espèces apaisent la toux ; et un bon auteur soutient qu'ils sont utiles aux épileptiques. Pour ceux qui ont la gravelle, ils doivent absolument s'en abstenir.

232. Il y en a une infinité d'espèces, dont nous ne connaissons ici qu'une partie ; mais nous pouvons nous contenter de celles que nous avons : d'ailleurs la nature se plaît de temps en temps à nous en découvrir, ou, si l'on veut, à nous en produire de nouvelles, comme le Baron, le Dominé et le Michaux, ainsi nommés du nom des paysans qui les ont decouverts de nos jours.

233. Ces trois espèces sont les plus hâtives ;

qu'après elles, sont le Lorrain et le Suisse. Je réduirai les autres pois qu'on sème le plus communément, au petit nombre des meilleurs qui réussissent bien dans nos environs, et qui peuvent suffire pour toutes les saisons; sauf à ceux qui auront d'autres espèces plus convenables à leur climat et à leur terrain, de les cultiver.

234. Je choisis donc le pois commun, le Normand, le Carré blanc et vert, le Cul noir, le pois vert d'Angleterre, la Longue cosse et le pois sans parchemin. Ces huit espèces sont toutes parfaitement bonnes, chacune dans leur saison.

235. Je dirai un mot de leur culture en général, avant que de passer à leur culture particulière. Ce grain, quoique rustique en apparence, ne doit pas être mis indifféremment en toute sorte de terres; il faut une combinaison pour le semer; certaine espèce demande la terre légère, une autre la veut un peu grasse, et telle autre s'accommode mieux d'une terre qui tient le milieu; mais toutes s'accordent à ne vouloir occuper la même terre que de loin en loin: les fermiers bien entendus ont pour règle de n'ensemencer leurs terres de ce légume, qu'une fois de six en six ans, et voici leur méthode. Une année ils font rapporter une terre à du froment, et l'année suivante des haricots, la troisième ils la

sèment en seigle ou en mars, et la quatrième en vesce ou en grosses fèves ; la cinquième en avoine ou en orge, et la sixième en pois; en sorte que sur six arpens ils en ont un tous les ans en pois, pour lequel ils choisissent l'espèce propre à sa veine ; et, lorsqu'il leur arrive de retourner un pré, d'arracher une vigne ou de détruire un bois, cette place est toujours destinée pour les pois, parce qu'ils ne réussissent jamais mieux que dans ces sortes de terres neuves ; car le fumier, qui aide à faire fructifier les autres légumes lorsque la terre se trouve fatiguée, leur est nuisible, bien loin de leur être avantageux ; ces pois s'emportent en bois, et ne fruitent pas. Ce légume plus vorace qu'aucun autre des sels naturels de la terre, ne peut souffrir aucuns sels empruntés, tels que ceux des fumiers.

236. Ce que je viens de dire doit servir de règle, du plus au moins, à ceux qui en élèvent dans leurs jardins. Pour faire la répartition du terrain qu'ils ont, de manière que chaque année ils aient une place suffisamment reposée pour y semer ce légume. Pour peu qu'ils y fassent attention, ils reconnaîtront, comme je l'ai éprouvé souvent, qu'une perche de terre employée à propos leur rendra plus que quatre employées à contre-temps. Il arrive même quelquefois, lorsqu'on s'obstine à le mettre plusieurs années de

suite au même endroit, qu'il jaunit aussitôt qu'il lève et qu'il ne rend rien du tout.

237. Dans les petits jardins on s'en tient ordinairement à élever un peu des premiers pois hâtifs ; mais dans les grands terrains qui supposent de grandes maisons, il est très-ordinaire d'en semer des carrés entiers pour fournir toute l'année aux besoins de la cuisine, et leur culture en est alors la même que dans les champs. On se sert aussi des mêmes espèces ; c'est pourquoi il est bon que je marque la pratique de nos fermiers à l'égard de chaque espèce en particulier, et que je place d'abord ici tout ce qui a rapport à leur culture en général, en suivant le plan que j'ai commencé.

238. On sème le pois de deux façons, à la charrue ou à la houe. Cette première manière ne conviendrait pas dans un jardin : il faut donc s'en tenir à la houe, qui est aussi la meilleure, parce qu'elle ameublit mieux la terre. Il faut être deux pour cette opération ; l'un ouvre la jauge de bout en bout du carré, et l'autre qui suit, répand la semence à mesure qu'on fait la place ; cette jauge finie on reprend la seconde, et la même terre qu'on lève sert à recouvrir la première : on l'ensemence de même, et tant qu'il y a du terrain on continue de la même manière. Mais, comme dans un jardin on veut que toutes les plantes aient un certain air d'arrangement,

qui facilite en même temps les petites opérations qu'elles demandent, telles que de les serfouir, de les arroser au besoin, de cueillir du fruit, etc., il convient de laisser un intervalle pour les sentiers, après qu'on a fait quatre rangs de semence.

239. Beaucoup de jardiniers ne savent pas manier la houe ; cet outil n'est pas connu au-delà des environs de Paris ; en ce cas, il faut dresser des planches de quatre pieds, et tracer quatre rayons espacés également de pied en pied sur deux ou trois pouces de profondeur, soit avec la binette, soit avec le coin de la ratissoire ; et après avoir répandu la semence et l'avoir marchée, on la recouvre avec le rateau : la terre doit avoir été préalablement fraîchement labourée.

240. Huit ou dix jours après, la semence lève ; et quand les plants ont cinq à six pouces de hauteur, il faut les serfouir et les chausser, en observant de prendre un beau temps, pour que les mauvaises herbes meurent tout de suite.

241. Si on veut les ramer, on y repasse deux jours après, quand les herbes sont brûlées, et on fiche les rames, en observant de les coucher en dedans de deux en deux rangs, les unes sur les autres, pour qu'elles n'embarrassent pas le passage des sentiers : il en résulte en même

temps que le fruit qui suit la rame se trouve plus ramassé du côté des sentiers, et qu'on le cueille avec plus de facilité.

242. Je passe à la description des espèces, et je commence par le **pois Michaux**, que les jardiniers se font une gloire à l'envi de présenter des premiers à leur maître, ou qu'élèvent principalement ceux qui font des pois un objet de leur petit commerce, et qui les vendent chèrement dans la primeur, comme je l'ai déjà remarqué.

243. Ce pois est blanc, rond, uni, assez gros, fort tendre, et sucré quand il est mangé en vert, mais d'un médiocre rapport, d'autant qu'il n'y a le plus souvent qu'une cosse à chaque bouquet, et qu'on les arrête aux premières fleurs, pour avoir plus tôt le fruit : c'est presque le seul qu'on cultive aujourd'hui pour la primeur, quoiqu'il ait pour concurrens en hâtiveté le Baron et le Dominé. La terre douce lui convient mieux qu'aucune autre ; et dans les sables même les plus arides il s'y soutient, pourvu que le printemps soit un peu tendre, ou qu'à ce défaut il soit secouru d'arrosemens. Dans les terres franches et noires, il vient fort bien aussi, et plus sûrement, mais plus tard. A l'égard des terres froides et humides, il ne fait qu'y languir et pourrir le plus souvent pendant l'hiver ; lors

même qu'il échappe, il vient si tard, qu'il ne donne aucun plaisir, et ne vaut pas les soins qu'il coûte ; ainsi le plus court est de s'en détacher quand le fonds est ingrat. Voici la manière de le cultiver, qui exige beaucoup de détails.

244. On le sème à la mi-novembre dans les terres franches, et au commencement de décembre dans les terres légères, pour qu'il soit levé avant les gelées ; et, comme il en périt toujours pendant l'hiver, il est bon de le semer un peu épais : il faut le placer aux côtières du midi ou du levant, où il se trouve à l'abri des mauvais vents, et à portée de profiter de tous les rayons du soleil.

245. Les uns le sèment par touffes de sept à huit, à un pied l'une de l'autre ; les autres par rayons de deux ou trois pouces de profondeur, et en forment deux ou trois rangs sur la plate-bande, suivant qu'elle est plus ou moins large, parce qu'il faut toujours laisser deux pieds de libre le long des murs, pour pouvoir faire les opérations nécessaires aux espaliers. Cette dernière m'a toujours paru la meilleure, parce que, 1° les pois ne se trouvant pas entassés les uns sur les autres, se nourrissent mieux ; 2° les mulots, les corneilles et les pigeons, qui en sont très-avides, les détruisent moins dans cette disposition ; car, lorsqu'ils en ont senti une touffe,

ils les mangent jusqu'au dernier. Ils ne les tirent
pas non plus si aisément d'un rayon, surtout si
on a eu soin de les marcher, comme on le doit,
après les avoir semés ; cela les lie, pour ainsi
dire, à la terre : mais il faut avoir attention de
ne les semer, particulièrement en terre grasse,
que lorsqu'elle est saine ; car, dans un temps
humide, l'opération de la marcher ne vaudrait
rien.

246. Après qu'ils sont semés et marchés, on
les couvre tout de suite ; et on jette un peu de
fiente de pigeon par-dessus, si on en a ; cela
donne à la terre un peu de chaleur, qui les empêche de fondre si aisément : après qu'ils sont
levés, on les recharge encore d'un pouce de gros
terreau, ou de crottin de cheval.

247. Il y a dans les environs de Paris une
espèce de terreau plus favorable encore que la
fiente de pigeon, soit pour les conserver, soit
pour les avancer : on la nomme vulgairement
gadoue : Elle se tire des voiries où on transporte les boues et immondices de la ville : ces
matières, mûries pendant quelques années, se
réduisent en terreau, et renferment des sels
merveilleux pour toutes sortes de plantes. Il faut
l'enlever dans l'été quand il fait sec, et qu'il est,
pour ainsi dire, en poussière. On en met un
pouce d'épaisseur au fond des rayons avant de

semer les pois, et on s'aperçoit bientôt du bon effet qu'il procure. On pourrait partout s'en faire une provision, en faisant ramasser les boues des rues et des chemins voisins, et les laissant mûrir dans quelque trou : il n'y a aucun fumier qui ait autant de vertu que cette matière. Ceux qui ont beaucoup de murailles, et qui peuvent en placer un rang tout seul au pied même des murs, sans nuire aux arbres, qui souvent sont dégarnis par le bas, jouissent du fruit huit jours plus tôt que ceux qui en ont d'éloignés de deux pieds seulement, et ces huit jours de différence font certainement beaucoup pour le plaisir ou pour le profit.

248. Les pois semés dans le temps et de la manière que je viens de décrire, se trouvent levés, et même ayant trois ou quatre feuilles aux environs de Noël ; c'est alors qu'ils demandent de grands soins pour être défendus de l'intempérie du ciel : chacun, suivant son industrie et sa commodité, doit les préserver, soit avec des paillassons soutenus sur une espèce de treillage qu'on fait à la hauteur des pois, soit avec de la grande litière soutenue de même par plusieurs perches liées ensemble, pour que son poids n'écrase pas ces jeunes plantes, surtout lorsqu'elle est chargée de neige. Entre les rayons, on entrelace un peu de paille courte pour les tenir droits :

quand la gelée devient plus forte, on augmente les couvertures à proportion. Il y en a quelquefois qu'on ne couvre pas, faute de commodité, et qui échappent néanmoins quand les hivers ne sont ni longs ni rudes ; mais c'est toujours risquer beaucoup que de les abandonner ainsi au hasard du temps.

249. Il faut être soigneux à les découvrir un peu ; quand il arrive quelque beau jour de soleil, pourvu que la gelée ne les ait pas attaqués sous les couvertures; car en ce cas le soleil les perdrait. Aussitôt que le temps est radouci, il faut les découvrir tout à fait, en laissant toujours les couvertures à côté, pour pouvoir promptement les remettre au besoin : lorsqu'ils demeurent trop long-temps étouffés sous les couvertures, sans air ni soleil, ils jaunissent et fondent.

250. Ceux qui n'ont point de murailles pour les mettre à l'abri, élèvent des parties de terre en talus, exposées au midi, et font de petits abris de paille sur la crête, de quatre pieds de hauteur : ils ne sont guère moins bien dans cette situation ; mais, autant qu'on peut, il faut choisir une terre légère ; car elle s'échauffe bien plus aisément au printemps, et les plantes sont moins sujettes à fondre que dans les fonds gras et humides.

251. Quand on a passé les fortes gelées, qui

finisseut ordinairement sur la fin de février, auquel temps le soleil commence à prendre de la force, on enlève tout-à-fait les couvertures, on serfouit les pois, et on les chausse ; cela dispose la terre à s'échauffer, et on les rame dès qu'ils ont sept à huit pouces. Ils commencent dès-lors à montrer leur fleur qu'on nomme *loquette* ; car cette sorte de pois ne s'élève qu'à dix-huit pouces ou deux pieds, d'autant plus qu'il faut avoir soin de les arrêter à la troisième fleur ; et cette opération, qui est la dernière, les avance beaucoup : quand on n'en laisse que deux, ou même une seule, le fruit est encore plus tôt mûr. On a de la peine souvent à se priver de la moitié de son attente ; ainsi chacun fera, à cet égard, ce qu'il jugera à propos. Ces pointes de la tige qu'on pince peuvent être mises à profit dans la soupe, à laquelle elles donnent un petit goût de pois. Après cette opération, on voit les cosses profiter à vue d'œil, et elles se trouvent pleines en avril ou en mai, suivant le temps qui a précédé.

252. On doit avoir eu attention de les sarcler au besoin, et d'arracher ceux qui ont dégénéré ; il est aisé de les connaître, en ce que la fleur ne s'est pas montrée comme aux autres, et que les pieds sont plus vigoureux.

253. Le hâle de mars dessèche quelquefois les terres, surtout celles des côtières, au point que

[l]es plantes ont besoin d'être secourues par quel-
[q]ues arrosemens ; il faut en ce cas les mouiller
[a] suivant leur besoin, le matin à la rosée ; car dans
[l] le gros du jour, la mouillure ne leur vaut rien.
[l] Plus ils sont tenus frais, sans excès néanmoins,
[q] plus ils grossissent et s'attendrissent.

254. Il arrive quelquefois qu'ils périssent,
malgré toutes les précautions qu'on a prises pour
les conserver : voici ce qu'on peut faire en ce cas
pour réparer le temps perdu, autant qu'il est possible. Aussitôt qu'on s'en aperçoit, il faut en
semer d'autres par rayons bien épais sur une
couche neuve ; ils lèvent promptement et profitent à vue d'œil, et quand ils ont quatre à cinq
pouces, on les arrache et on les replante à de
bons abris, espacés raisonnablement ; ils reprennent très-facilement, et on gagne près d'un mois
par cette avance.

255. Ceux qui ont un grand empressement
pour ce légume, et qui sont en état de faire certains frais, peuvent se donner le plaisir d'en
jouir un mois plus tôt que ceux qui en ont en
pleine terre, malgré les abris et les soins, et ils
peuvent de même en conserver jusqu'à Noël.
Voici la manière.

256. On les sème dès les premiers jours de
novembre, dans des paniers à claire voie, de sept
à huit pouces de hauteur, sur dix à douze de dia-

mètre, qu'on remplit de terre et de terreau mêlés ensemble, avec un pouce de crottin par dessus ; vingt à vingt-cinq grains dans chaque panier sont plus que suffisans. On les laisse en plein air à l'abri de quelque mur, jusqu'aux fortes gelées ; ils ont poussé alors cinq à six feuilles, si l'automne est un peu beau. On les transporte ensuite dans une serre qui ne soit point trop chaude, et à laquelle on puisse donner de l'air toutes les fois que le temps le permet : pourvu que la gelée ne pénètre pas, c'en est assez. Aussitôt que le temps se radoucit, on les met dehors, sans trop les écarter, pour être prompt à les rentrer quand la gelée recommence, et jusqu'à la mi-février on continue de les garder à vue pour n'être point surpris. On les change alors de situation, et on les met sur des couches chaudes, qu'on a préparées à cet effet. Ces couches doivent être enterrées de deux pieds, et sont, à proprement parler, des couches sourdes : dans le milieu de l'épaisseur des fumiers, on met cinq à six pouces de tan, et deux ou trois pouces sur la superficie, qu'on recouvre ensuite de terreau en telle quantité que les paniers soient garnis tout autour sans excéder. Ces paniers se posent sur la superficie des fumiers, et se rangent en échiquier sur trois rangs, de manière qu'ils soient à six pouces de distance les uns des autres : on observe de

laisser passer le grand feu des couches, avant que
de les mettre en place.

257. Ils fleurissent promptement dès qu'ils
ont senti cet air de chaleur; mais, comme ils ont
encore à craindre les gelées qui surviennent en
mars, voici les précautions qu'il faut prendre
pour les garantir.

258. Prenez des cercles de grand tonneau ;
appointez les deux bouts, et faites-les entrer en
terre sur les deux bords des couches qui se trouvent de niveau avec le terrain ; espacez-les de
trois en trois pieds sur toute la longueur, et, pour
les entretenir, prenez des lattes courantes, avec
lesquelles vous les lierez : trois rangs sont suffisans ; et, pour plus de solidité, enfoncez quelques
échalas dans le milieu des couches, et attachez-les
de même aux cercles avec de bons osiers. Par-
dessus ce treillage, vous jetterez au besoin des
paillassons faits avec la ficelle, qui enveloppent
bien tout le circuit, et vous les mettrez doubles
si un ne suffit pas ; vous fermerez aussi les deux
extrémités des couches, de manière que la gelée
ne puisse pas y entrer. Conduits et soignés de cette
façon, ils vous donneront leur fruit dès les premiers jours d'avril, pour peu que le mois de
mars soit beau ; mais, quelque temps qu'il fasse,
ils devanceront toujours de trois semaines ceux des
côtières, et après que le fruit sera cueilli, vos

couches, qui à la faveur du tan conservent pendant trois mois une bonne tiédeur, vous serviront encore à élever tout ce que vous jugerez à propos.

259. Il est entendu qu'il faut les arrêter à la seconde ou troisième fleur, comme je l'ai dit pour les autres, et qu'il faut vider les paniers quand le fruit est cueilli, les faire sécher, et les enfermer, pour servir de nouveau quand on voudra les employer.

260. A l'égard des pois qu'on veut élever pour l'arrière saison, il faut les semer à la fin d'août ou dans les premiers jours de septembre, dans les mêmes paniers et de la même manière que je l'ai dit. On les range le long de quelque mur bien exposé, et on a soin de les mouiller après qu'ils sont semés, ce qu'on continue de faire de deux en deux jours, à moins qu'il ne pleuve; peu de jours après ils lèvent, et quand ils ont six à sept pouces, on les rame. Vous les laissez profiter tant que le temps est beau : ils se trouvent en pleine fleur un mois après, et la cosse suit bientôt. Mais comme dans cette saison il arrive assez souvent des gelées qui pourraient les ruiner, il faut alors les approcher de la maison, pour être prêt à les enfermer dès que le temps menace; et, comme ces sortes de gelées ne sont pas de durée, il faut les mettre à l'air aussitôt qu'elles sont passées, et continuer toujours de les sortir et de les

rentrer toutes les fois que le temps change. Le
fruit commence à être bon à la Toussaint, et des
uns ou des autres on peut en cueillir jusqu'à Noël,
aussi bons et aussi tendres que ceux du printemps,
pourvu qu'ils soient toujours bien humectés :
j'en ai fait l'épreuve deux ou trois fois. On observera qu'il n'y a que le pois Michaux qui réussisse dans cette saison.

261. Cette qualité de pois est non-seulement
la meilleure, tant pour le printemps que pour
l'automne; mais je la trouve également bonne
pour tous les mois de l'année, et je m'en sers
par préférence aux autres : ils sont tendres et
sucrés en toute saison, pourvu qu'ils soient
mouillés exactement à la rosée du matin, et
mangés aussitôt qu'ils sont écossés (cette circonstance fait beaucoup). On ne languit pas
pour en jouir; en six semaines, du jour qu'on
les sème, quand c'est en bonne saison, ils donnent leur fruit.

262. Les derniers qu'on doit semer en pleine
terre se sèment à la mi-août, et donnent leur fruit
en octobre : s'il n'arrive point de fortes gelées
dans ce mois-là, ils se conservent, ou, pour
mieux dire, ils se succèdent les uns aux autres
jusqu'à la mi-novembre, suivant les climats;
au reste on peut avancer ou retarder la semence
pendant quelques jours.

263. Malgré l'affection particulière que je porte à cette espèce de pois, je n'ai garde de vouloir assujettir le goût de personne au mien; chacun, suivant son terrain, fera choix de celles qui y réussiront le mieux. On observera seulement, à l'égard des uns et des autres qu'on mettra en pleine terre, de ne pas en mettre plusieurs planches de suite, parce qu'elles se portent réciproquement trop d'ombrage, et que la fleur est sujette à couler dans le bas. Il est beaucoup mieux de semer alternativement une planche de pois et une de quelqu'autre plante à qui l'ombrage ne nuise pas, telles que le cerfeuil, le persil, la poirée et autres.

264. Lorsqu'on veut garder quelque planche pour graine, il faut avoir soin d'arracher les pieds qui dégénèrent; on les connaît à leur bois qui est plus gros, et à leurs fleurs qui sont plus élevées; quelquefois même ils ne fleurissent pas du tout.

265. Je ne dois pas omettre de dire que quelle que soit l'espèce, il faut toujours les ramer si on veut en tirer un véritable profit, sans quoi les mulots et les pigeons qui s'abattent dessus, en ruinent la plus grande partie; les moineaux francs, dont on ne peut les défendre, leur font déjà assez de tort.

266. Il n'est point nécessaire d'attendre que

ce grain soit tout-à-fait sec pour le recueillir; dès que la cosse jaunit, quoique le pois soit encore vert, on peut les arracher ; et ils achèvent de mûrir exposés au soleil dans une cour, où les oiseaux et autres animaux n'abordent pas si facilement. Quand ils sont secs, on les bat et on les vanne tout de suite ; car les rats et les souris en font une grande destruction dans les greniers, lorsqu'on les enferme avec le cossat.

267. Ils sont bons, de toute espèce, à semer pendant deux années ; à la troisième il n'en lève qu'une partie, et quelquefois point : mais, quand on est assez heureux d'avoir des lieux exempts de ces insectes, et qu'ils peuvent rester dans leur cossat, ils se conservent bons quatre et cinq ans, pourvu qu'on ne les batte qu'au moment qu'on veut les semer.

268. Pour conserver l'espèce franche, il faut pratiquer ce que j'ai dit ailleurs, changer tous les ans ou tous les deux ans avec quelqu'un un peu écarté de soi.

269. A l'égard des qualités de pois qu'on laisse sécher pour manger en sec, il faut qu'ils soient encore exposés au soleil quelques journées, après qu'ils ont été vannés, pour se perfectionner et pour être de meilleure garde : on doit aussi avoir une attention pour les faire cuire, c'est de prendre une eau qui leur convienne; car il en est telle où plus

7*

ils bouillent, plus ils durcissent; et on attribue
souvent à la qualité du pois un défaut qui vient
uniquement de l'eau.

270. Je passe à la description des autres espèces.

271. Le pois Dominé est le plus hâtif après
le pois Michaux, auquel il succède; et, quoiqu'il
n'y ait entre eux d'autre différence que de ce que
l'un vient huit jours plus tôt que l'autre, c'est
toujours beaucoup pour les gens qui en sont empressés, et surtout pour ceux qui en font commerce. A cela près, l'un ne cède pas à l'autre,
et pour ceux qui ne sont pas pressés de jouir, il
est d'un bien meilleur rapport que le Michaux,
ses cosses étant régulièrement doubles et plus
remplies; il s'élève plus haut aussi, et demande
des rames proportionnées. On le cultive de la
même façon, et il a l'avantage de mieux résister
dans les mauvais temps que le Michaux, particulièrement dans les terres un peu humides : il
faut le semer clair, surtout si c'est après l'hiver.
Le grain est blanc, assez rond, et d'une bonne
grosseur : on peut le semer en tous temps; mais
le printemps est sa saison la plus favorable.

272. Le pois Baron suit le Dominé de fort
près, mais il lui est fort inférieur; la cosse est
extrêmement petite, le grain de même, sans sucre ni finesse. Il était connu avant les deux précédens, et son crédit s'était établi sur sa hâti-

ivvité ; mais depuis que ceux-ci ont paru, il a
beaucoup perdu, et avec justice : cependant
comme il fournit beaucoup, et que la fleur n'est
pas sujette à couler, il a encore quelques partisans ; peut-être aussi que dans d'autres climats
il serait meilleur qu'ici.

273. Le pois Lorrain succède aux trois précédens, et fournit plus abondamment : il est gros
et assez sucré ; mais il ne réussit qu'au printemps ; dans les autres saisons la nuile s'y attache, et la fleur périt : la terre légère lui convient
mieux qu'aucune autre. On peut le manger en
sec comme en vert, mais il n'est ni si tendre, ni
si moelleux que plusieurs autres ; sa couleur est
blanche, sa forme ronde et assez unie.

274. Le pois Suisse, qu'on nomme autrement
grosse cosse hâtive, succède de près aux précédens, et résiste mieux aux mauvais temps : on
l'élève également dans les jardins et dans les
campagnes, et on le sème dès décembre. Il est
le premier qui rapporte en plein champ. Sa forme est ronde et unie, sa couleur d'un petit jaune
verdâtre, et d'une bonne grosseur ; il fruite
beaucoup, et n'est pas sujet à couler ; sa cosse
est longue et pleine, son grain fort tendre en
vert, mais en sec on n'en fait pas d'usage. On le
sème jusqu'à la Saint-Jean, et il est fort bon
pour l'arrière saison, n'étant pas sujet à nuiler

comme quelques autres : c'est une des espèces
qui fait le plus de profit ; il demande une bonne
terre.

275. Le pois commun est à peu près de même
pour la hâtivité et le rapport : on le sème comme
le précédent en décembre, et il donne son fruit,
à quelques jours près, comme l'autre, c'est-à-
dire, à la fin de mai ou au commencement de
juin, suivant les terrains et les années. Il est rond
dans sa circonférence, un peu aplati sur les côtés, ce qui est l'effet de la gêne où il se trouve
dans la cosse, qui est si pleine, que les grains
ont peine à s'y contenir ; il est de moyenne grosseur : sa couleur est roussâtre. Il faut le cueillir
sous la fleur, c'est-à-dire, que la fleur, quoique
desséchée, doit tenir encore à la queue, et il est
fort tendre pris en ce moment ; mais si on attend
que la fleur se soit détachée, il durcit. On le
sème jusqu'à la fin de mars, et ces derniers
semés sont bons à la Saint-Jean : on n'en
sème pas plus tard, quoiqu'il vînt également,
parce que dans le mois suivant le Carré blanc
arrive, et donne l'exclusion à tous les autres ; il
demande une bonne terre.

276. Le Carré blanc est celui qui, généralement parlant, est désiré de tout le monde, et qui
occupe presque seul la scène tant qu'il dure : on
est prévenu avec raison en sa faveur. Il est ten-

dre et moelleux, mieux nourri, plus gros, et
d'un goût plus sucré : sa couleur est blanche,
comme son nom l'annonce, sa forme inégale et
plus carrée que ronde, soit en vert, soit en sec;
il est un peu tardif à rapporter, s'élève fort haut,
et ne fournit pas beaucoup : voilà ses défauts. On
commence à le semer à la fin de mars, et ce premier semé est b o en juillet : on continue jusqu'à
la fin de mai, et on ne va pas plus loin ; car au-
delà il ne rend presque plus rien. Il a peu de
goût en sec, et il ne faut en laisser sécher que
pour la semence : il demande une terre médiocre ;
en bon fonds, il ne pousse que du bois. C'est
cette espèce qu'on choisit pour faire sécher en
vert, et pour manger pendant l'hiver : il est
très-délicat et très-bon, préparé de la manière ci-
après.

277. Choisissez les grains bien tendres ; mettez-les, fraîchement écossés, dans un chaudron
à l'eau bouillante ; après qu'ils auront fait un
bouillon, retirez-les, et mettez-les dans l'eau
fraîche ; étendez-les ensuite à l'air sur une nappe
blanche pendant deux ou trois jours, et retour-
nez-les de temps en temps ; changez-les aussi de
nappe, et exposez-les au soleil pendant cinq à
six jours ; passez-les ensuite au four qui ne soit
que tiède, étendus clairement sur des claies, avec
du papier dessous, jusqu'à ce qu'ils soient bien

secs ; et vous finirez par les mettre dans des sacs de papier, en les enfermant dans un endroit sec.

278. Quand vous voudrez vous en servir, vous les ferez revenir dans de l'eau tiède, où vous mettrez un morceau de beurre marié avec la farine, et vous les laisserez tremper pendant vingt-quatre heures ; vous les ferez cuire ensuite dans la même eau, et vous les assaisonnerez avec du beurre ou de la crême, comme il vous plaira.

279. Le Cul noir est de deux espèces, l'un rond et l'autre carré, tous deux ayant le germe noir, d'où ils tirent leur nom ; le carré est plus estimé. Le premier est de couleur roussâtre ; le dernier est vert, et sert, avec avantage, pour les purées : il fournit beaucoup, et, cueilli en vert, il est tendre et bon. On ne doit commencer à le semer qu'à la fin d'avril, jusqu'au commencement de juin ; plus tôt ou plus tard, les brouillards s'y attachent et le font nuiler. On ne doit garder de la première espèce que ce dont on a besoin pour la semence, n'étant pas bon à manger en sec ; il demande une bonne terre.

280. Le Carré vert ne diffère du Carré blanc que par sa couleur extérieure qui est verte : il n'est pas si délicat ni si moelleux en vert ; mais en récompense il est fort utile en sec pour les purées. Il faut qu'il soit bien sec avant que d'être enfermé ; car, pour peu qu'il retienne d'humidité,

li il chancit et prend un mauvais goût : il ne fournit pas beaucoup, c'est son défaut comme à l'autre. Il faut le semer dans le même temps, et le
placer dans une terre un peu usée, par la même
raison qu'il pousse trop en bois quand le fonds
est trop bon. Il y a des terrains qui le rendent
dur, au point qu'on ne saurait le faire cuire, et
c'est particulièrement dans les terres fortes : on
doit avoir attention de le placer convenablement,
ou de se détacher de cette espèce, si le fonds que
l'on a lui est contraire.

281. Le pois Normand est de forme carrée,
d'un vert blanchâtre et fort gros : il est tendre et
moelleux, mangé en vert ; et en sec, il est également bon, et rend plus en purée qu'aucune autre espèce, ayant la peau extrêmement fine : il ne
fruite pas beaucoup, c'est son défaut. On le
sème depuis la fin de mars jusqu'à la fin de juin ;
plus tard la fleur coule et on n'en retire rien :
les premiers semés rendent beaucoup plus que
ceux des secondes semences ; il demande une
bonne terre.

282. La Longue cosse est de forme ronde,
blanc, uni et clair ; sa grosseur est médiocre : il
fruite beaucoup et promptement ; sa cosse, qui
est très-allongée et très-pleine, contient treize ou
quatorze grains ; c'est de toutes les espèces celle
qui rend le plus, et qui réussit le mieux pour

l'arrière saison ; il ne nuile ni ne se boucle. On
le sème depuis la mi-avril jusqu'au commencement de juillet ; une terre médiocre lui est plus
favorable qu'une meilleure.

283. On observera pour ces sept dernières
espèces, qu'il ne faut pas tant de semence pour
les uns que pour les autres. Le pois Suisse, le
Commun, le Normand et le Cul noir, veulent
être semés un peu dru, parce qu'ils ne font qu'un
seul montant ; les fermiers en mettent sept ou
huit boisseaux par arpent. A l'égard du Carré
blanc et vert, et de la Longue cosse, ils n'en
mettent que cinq à six, parce qu'ils fourchent
beaucoup, et qu'ils s'étoufferaient s'ils étaient
plus pressés ; on se règlera à peu près là-
dessus.

284. Le pois vert d'Angleterre nous a été
apporté depuis peu du pays dont il porte le nom,
et n'est connu que de peu de personnes. Il est
très-gros, uni, un peu ovale, d'un vert blanchâtre, et parfaitement bon, soit en vert, soit
en sec, pour les purées : il s'élève assez haut,
fournit depuis le pied jusqu'à son extrémité, fait
sa cosse grosse et pleine, sans qu'aucune fleur
manque. Je l'ai semé l'année dernière pour la
première fois en trois ou quatre saisons, et il a
toujours bien réussi : j'ai dit ailleurs que ma
terre était assez forte ; je ne sais s'il réus-

₂ sirait aussi bien dans une terre plus médiocre.

285. Le pois sans parchemin, qu'on appelle dans quelques provinces le pois Gourmand, a des qualités très-estimables, et qui lui font beaucoup de partisans, excepté dans le voisinage de Paris : je ne sais par quelle raison il est si peu considéré dans cette Capitale, où à peine on en trouve dans les marchés publics. Il se mange avec la cosse comme les haricots verts : son goût est sucré et fin, et il fait plus de profit qu'aucun autre. Il y en a beaucoup d'espèces que je réduirai à cinq, les autres me paraissant dégénérées de celle-ci. La plus commune a la fleur blanche, s'élève de 5 à 6 pieds, et fait sa cosse de médiocre grosseur : c'est la plus généralement cultivée, les autres n'étant pas beaucoup connues. Elle est assez fertile en grains, pourvu qu'elle soit semée clair, et bien ramée : le pois est blanc, inégal, et de médiocre grosseur.

286. La seconde espèce a la fleur rouge, et s'élève à 7 ou 8 pieds; elle demande par conséquent des rames longues et fortes pour pouvoir résister aux secousses du vent. Elle fruite beaucoup, et donne des cosses une fois plus grosses que la précédente, qui sont fort tendres et fort sucrées; le pois est rougeâtre en partie et verdâtre, tiqueté de points violets, rond, gros et uni.

287. La troisième a la fleur blanche, s'élève
à la même hauteur, fournit beaucoup, de même
que la précédente ; mais la cosse est moins large
et plus bouclée ; le pois est gros et blanc, assez
uni et assez rond.

288. La quatrième espèce a la fleur blanche,
ne s'élève qu'à trois ou quatre pieds, et donne
des cosses surprenantes ; j'en ai recueilli qui por-
taient dix-huit lignes de largeur sur quatre à
cinq pouces de longueur, tendres et sucrées au
possible : elles ne fruitent pas tant que les deux
précédentes ; mais sa beauté et sa bonté dédomm-
magent bien de ce défaut, outre qu'elle est plus
hâtive de quinze jours. On doit compter encore
pour beaucoup qu'elle se tienne dans une élévation
médiocre, qui ne coûte ni tant de rames, ni tant
de sujétion pour les défendre des grands vents.
Tous ces avantages méritent bien qu'on la préfère
à une autre, quand on peut en avoir de la véritable espèce, qu'il est fort difficile de trouver ;
il faut la semer clair comme les précédentes ; le
pois est blanc, gros, uni et rond.

289. La cinquième espèce est le pois nain
sans parchemin, qui forme une petite touffe arrondie et basse : sa cosse est fort petite, et son
goût approchant des autres ; il charge peu, en
quoi il est moins utile que curieux.

290. Ces cinq espèces se cultivent un peu dif-

différemment que les autres pois : on les sème en
mars et en avril, jusqu'à la fin de mai ; plus
tard ils sont sujets à nuiler : on les serfouit comme les autres quand ils sont bien levés, et on
les mouille souvent ; c'est ce qui les attendrit. Ils
demandent nécessairement d'être ramés, et
quand on veut en avoir le fruit plus beau et plus
hâtif, il faut les pincer à la troisième ou quatrième
fleur : trois rangs dans une planche de quatre
pieds suffisent ; plus épais ils s'obombrent et ne
fruitent pas si bien : on ne doit pas en mettre
deux planches de suite, par la même raison.
Cette espèce de pois a extrêmement à craindre
du tonnerre et des éclairs, qui vont jusqu'à la
ruiner, s'ils surviennent au temps de sa fleur :
c'est essentiellement pour cette raison qu'il faut
en semer tous les quinze jours, depuis le commencement de mars, jusqu'à la fin de mai, parce
que, si les premières semences périssent, les autres qui sont plus ou moins avancées suppléent
à celles que l'orage a ruinées.

291. On les mange en gras et en maigre,
en observant, pour les rendre plus tendres, d'ô-
ter exactement les filets, et de les faire cuire à
l'eau bouillante. On les mange encore en grain
vert, quand ils sont de grosseur raisonnable, et
ses amateurs les préférent à tous les autres : il
est vrai qu'ils sont tendres, moelleux et d'un

goût distingué ; ils sont également très-bons en
sec, et cuisent parfaitement ; mais c'est l'espèce
des blancs qu'il faut prendre.

292. On en réserve pour graine la quantité
dont on a besoin, qu'on laisse long-temps sur
pied pour sécher, parce que sa cosse est grasse
et épaisse, et ne se dessèche qu'à force de temps,
et de beau temps ; car, s'il vient à pleuvoir abondamment lorsqu'ils sont à ce point, cette cosse
qui retient l'eau comme une éponge, est sujette
à pourrir et à faire pourrir le grain ; c'est pourquoi il est toujours à propos d'en avoir d'une année sur l'autre, et on observera d'arracher les
pieds qui dégénèrent, à quoi je me suis aperçu
que l'espèce des blancs était particulièrement sujette.

293. Quand ils viennent heureusement à bien,
on les arrache et on les écosse tout de suite, si
on en a le loisir : je dis qu'on les écosse, car à être
battus il en reste la moitié dans les cosses, qui
ne peuvent pas se détacher, le grain se trouvant
comme collé avec la cosse ; ce qui m'a fait prendre le parti en mon particulier d'arracher les
cosses sur pied à mesure qu'elles sèchent, et je
n'attends pas même qu'elles soient tout-à-fait
sèches, me trouvant assailli d'oiseaux qui les dévorent ; elles achèvent de sécher au soleil, où je
les expose tant qu'elles en ont besoin. Si on peut

les fermer en sûreté sans les écosser, de manière
que les rats ne puissent pas les endommager, ils
se conservent beaucoup plus long-temps.

294. J'ai fait l'expérience cette année d'en
faire sécher en vert, cueillis tendres, de la même
manière que les haricots dont on trouvera la re-
cette au chapitre de ce légume, et je les trouve
meilleurs ; il sera très-facile d'en faire l'épreuve.

295. Outre les quatorze espèces de pois dont
je viens de parler, il y en a encore quelques-unes
de fantaisie dont je dirai un mot, et quelques
autres au sujet desquelles je crois devoir désabu-
ser ceux qui sont prévenus pour elles sur leur
ancienne réputation. Tel est, par exemple, le
Charantonneau, dont on était empressé avant
qu'on eût connu ceux qui occupent aujourd'hui
la scène à plus juste titre : c'est un pois petit, dur,
sans sucre ni finesse, et beaucoup moins hâtif
que les trois premières espèces que j'ai nommées.
Tel est encore le petit pois nain à bouquet, qui
n'est pas si abandonné que le Charantonneau,
mais qui ne vaut guère mieux : tout son mérite
est de tenir peu de place, et de se ranger partout;
faible mérite, quand il n'est accompagné d'aucune autre qualité. Le grand pois à bouquet est
du même ordre ; sa singularité est tout ce qui le
recommande : il s'élève à six pieds, et porte à
sa sommité un groupe de fleurs et de cosses à la

suite ramassées les unes sur les autres, qui donnent un grain fort médiocre en goût, et ce n'est qu'à force de petites perches qu'on peut les soutenir droit, peine assurément qu'il ne mérite pas. Je comprends dans la même classe le pois à couronne, le pois cornu, le pois gris, le grosset et autres. Il s'en trouve un cependant dans les provinces voisines du Rhône, qu'on nomme Quarantain, qu'on dit bon et hâtif ; je ne le connais pas ; c'est à ceux qui le cultivent d'examiner s'il ne leur serait pas encore plus avantageux de le sacrifier au Michaux ; car il faut toujours tendre au mieux.

296. Entre les pois de fantaisie (eu égard à nous), je donne le premier rang au *pois chiche*, qui est en grande estime en Languedoc, aussi bien qu'en Italie ; il est pointu d'un côté et enfoncé de l'autre, ressemblant à la tête d'un bélier : il a un goût particulier, mais qui plaît à ses amateurs. Il est fort dur et de difficile digestion : on n'en fait aucun cas à Paris par cette raison : car du reste il y vient aussi bien et aussi bon que dans les pays chauds ; j'en ai fait l'épreuve plusieurs fois. Je dirai cependant pour la satisfaction de ceux qui en aiment le goût, mais qui redoutent encore plus ses défauts, qu'en le faisant tremper pendant vingt-quatre heures dans une eau tiède, avec un petit sachet de cendre, avant que de le faire cuire, on lui fait perdre beaucoup

de sa dureté. On peut aussi, comme on le pratique en Languedoc, le mettre dans une terrine,
y jeter une cuillerée d'huile d'olive, et en frotter
les grains les uns contre les autres ; après quoi
on le met dans une eau tiède, avec un peu de sel ;
on l'y laisse du soir au lendemain. On le fait cuire
ensuite à l'eau demi-bouillante ; cette petite préparation l'attendrit beaucoup : il faut observer
de ne pas se servir d'eau de puits, qui est trop
crue et qui le durcit ; toute autre eau est bonne.

297. Il y en a deux espèces, l'une blanche et
grosse, qui a la fleur blanche ; l'autre rougeâtre
et plus petite, qui a la fleur rouge : cette dernière
est meilleure pour la pharmacie, étant plus apéritive ; l'autre vaut mieux pour l'usage de la vie,
et on ne consomme presque que de celle-là, tant
en Italie que dans nos provinces méridionales : il
y en a une troisième espèce qui est noire ; mais
je ne connais pas particulièrement ses qualités.

298. La plante qui produit les deux premières
espèces, est toute différente des pois communs :
elle ne s'élève qu'à dix-huit pouces environ, et
jette une quantité de rameaux qui s'écartent autour du pied : ses feuilles sont d'un vert d'eau,
disposées de deux en deux comme celles du sain-
foin ; mais plus courtes, dentelées sur les bords,
et terminées par une impaire : des aisselles de
chaque feuille, ou du moins de la plus grande

partie, il sort une petite fleur, dont le calice est velu, divisé en six parties pointues, dont le pistil se change en un fruit gonflé en manière de vessie long d'environ un pouce, et terminé par un filet grêle qui renferme une ou deux graines.

299. Quelques-uns les mangent non-seulement lorsqu'ils sont secs, mais encore lorsqu'ils sont verts, et non-seulement cuits, mais crus ; cependant ils se digèrent difficilement, et ne conviennent de cette dernière manière qu'aux gens de la campagne, dont l'estomac est accoutumé à tout digérer. Pour l'ordinaire, on ne les mange qu'en sec à l'huile ; ainsi on les laisse bien sécher et on les arrache, ensuite on les bat et on les vanne sans autre précaution ; ils se conservent bons à semer deux ou trois ans ; mais, pour être mangés, ils sont meilleurs la première année.

300. Dans les pays chauds, on s'en sert quelquefois en guise de café ; son goût en approche un peu, mais il est plus amer, et demande pour cela plus de sucre : quand il est mêlé par égale portion, on a quelque peine à s'en apercevoir, et dans les cafés publics de l'Italie il est très-ordinaire de l'employer (26).

----

(26) Jusqu'à ce moment on a fait d'inutiles efforts pour remplacer le café. La racine de chicorée, l'orge, les haricots, les pois, torréfiés tant qu'on voudra, n'ont du vé-

3o1. On le sème en mars ou en avril par touffes comme les haricots, écartés de dix-huit pouces l'un de l'autre, et on en met cinq ou six grains ensemble ; on le serfouit exactement dans sa jeunesse, il ne demande pas d'autre façon : en Italie on le sème à la charrue, mais le climat est différent.

3o2. La décoction de ce pois est bonne pour la suppression des urines, pour la pierre et pour la colique néphrétique ; on s'en sert aussi pour la jaunisse, pour tuer les vers, pour faire venir le lait aux nourrices, rétablir les règles, et faciliter les accouchemens : sa farine employée en cataplasme est également propre pour résoudre les tumeurs des mamelles et celles des testicules ; elle déterge aussi la gravelle et le feu volage.

3o3. Le pois de tous les mois a un mérite particulier, qui est de fleurir pendant quatre à cinq mois de suite, et de donner toujours du fruit successivement après les fleurs ; c'est ce qui lui donne l'entrée dans quelques jardins : mais, à le priser au juste, le fruit n'en vaut rien.

3o4. Le pois Lupin par où je finis, n'est cul-

---

ritable café que la couleur. Le café seul (*Caffea Arabica*) jouit de la précieuse faculté de porter au cœur et au cerveau une excitation salutaire, une délicieuse exaltation.

tivé en général que pour la médecine, et ne réussit que dans les pays méridionaux ; cependant anciennement les Grecs en faisaient leur nourriture : ce que Galien et Pline nous assurent avec des circonstances remarquables, ajoutant que ce grain a la vertu d'apaiser tout à la fois la faim et la soif ; mais ils avaient la précaution de le faire macérer dans l'eau chaude, pour lui ôter son amertume et le rendre agréable au goût. Cette préparation lui ôte en même temps une qualité malfaisante, que quelques autres auteurs lui ont attribuée, en la supposant vraie ; mais la preuve n'en est pas bien établie : aujourd'hui encore dans quelques contrées de l'Italie le bas peuple s'en nourrit, cuit simplement à l'eau avec du sel ou avec du vinaigre.

305. Sa racine est unique, ligneuse, garnie de plusieurs fibres ; sa tige est haute de douze à dix-huit pouces, médiocrement grosse, droite, cylindrique, un peu velue, creuse et remplie de moelle ; ses feuilles sont alternes, portées sur des queues longues, composées le plus souvent de sept segmens oblongs, étroits, d'un vert foncé, unis sur les bords, velus en dessous, et garnis d'un duvet blanc argenté, ayant par leur arrangement la forme d'un éventail ; les bords de ces segmens s'approchent et se resserrent au coucher du soleil, et s'inclinent vers la queue. Les fleurs

e sont arrangées en épi au sommet des tiges ; elles
e sont légumineuses, blanches, portées sur des pédicules courts ; il sort de leur calice un pistil qui
se change en une gousse épaisse, large, aplatie,
longue de trois pouces ou environ, droite, pul-
peuse, jaunâtre, un peu velue en dehors, qui
renferme quatre ou cinq graines assez grandes,
aplaties, de couleur rousse en dehors et jaune
en dedans et fort amères.

306. La seconde espèce dont je n'ai jamais
pu parvenir à voir la plante, quoique j'en aie semé plusieurs fois, est, suivant qu'on m'a dit,
conforme en tous points à la précédente, à l'exception de la couleur de la fleur et du grain. La
fleur est d'un bleu rougeâtre, et le grain violet
foncé. Cette espèce est presqu'inconnue (27).

307. La première s'emploie fort communément dans la médecine ; sa farine, qui est une
des quatre farines résolutives, entre dans tous les
cataplasmes émolliens ; sa décoction est apéritive et spécifique pour les maladies du foie et
pour les obstructions des viscères ; elle pousse

---

(27) Le Lupin à fleur bleue, le Lupin à fleur rose,
ne sont pas rares, mais ils sont inodores, et ne sont
pas recherchés. On n'estime que le jaune pour son odeur,
et le blanc pour son grain, qui peut servir aux animaux,
et dont le peuple fait usage dans quelques contrées
méridionales.

les mois et les urines , et tue les vers : sa farine produit le même effet , mêlée avec le miel et le vinaigre ; la même décoction est détersive , guérit la gale , les dartres et les ulcères ; elle nettoie aussi et décrasse parfaitement la peau : bouillie avec du vinaigre et appliquée en cataplasme sur les tumeurs et sur les écrouelles , elle les dissipe peu à peu , surtout dans leur naissance : le grain est merveilleux encore pour engraisser les bœufs; on s'en sert aussi dans certains pays , pour faire de la poudre à poudrer.

308. On sème le Lupin au mois de mars dans les pays chauds , où il s'élève aisément , et sa culture n'a rien de différent des autres grains ; mais ici, où le climat est trop froid , on ne parvient à l'élever qu'en le semant d'abord sur couche , d'où on le replante à l'exposition la plus chaude qu'on puisse avoir : quelques-uns le mettent dans des pots (28).

------

(28) Comme le nom vulgaire des plantes à Paris est indispensable à connaître dans les départemens, pour pouvoir se les procurer sans erreur, nous avons eu soin d'ajouter une nomenclature exacte à celles que De Combles a données. Nous nous bornons toutefois aux meilleures variétés. Voici la liste des meilleurs pois : Pois nain hâtif; P. nain de Hollande; P. nain de Bretagne; P. gros nain sucré; P. Michaux de Hollande; P. Michaux, ou petits pois de Paris; P. Michaux

CHAPITRE VII.

Truffe (29).

1809. VOICI une plante dont aucun auteur n'a
parlé, et vraisemblablement c'est par mépris pour
elle, qu'on l'a exclue de la classe des plantes potagères ; car elle est trop anciennement connue
et trop répandue, pour qu'elle ait pu échapper à
leur connaissance. Cependant il y a de l'injustice
à omettre un fruit qui sert de nourriture à une
grande partie des hommes de toutes nations. Je
ne veux pas l'élever plus qu'il ne mérite ; car je
connais tous ses défauts, dont je parlerai ; mais

P. œil noir; P. hâtif à la moelle ; P. de Clamart; P. Carré blanc ; P. Carré à œil noir; P. gros vert Normand ; P.
ridé de Knight ; P. sans parchemin, nain hâtif ; P. en
éventail ; P. Corne de bélier; P. Turc, ou P. Couronné.

(29) Il ne s'agit point ici du *Lycoperdos Tuber* (la
Truffe proprement dite); mais de la Solanée Parmentière,
ou pomme de terre, *Solanum tuberosum* : L., qui était
encore très-peu connue en France. Les paysans, dans
quelques parties de la France, se servent encore du
mot truffe pour pomme de terre. Ce précieux tubercule
ne fut bien connu en France qu'en 1767, par la publi-
cation du Recueil des Mémoires concernant les pommes
de terre, par Mustel, Parmentier, etc.

j'estime qu'il doit avoir place avec les autres, puisqu'il sert utilement, et qu'il a ses amateurs. Ce n'est pas seulement le bas peuple et les gens de campagne qui en vivent, dans la plupart de nos provinces ; ce sont les personnes même les plus aisées des villes ; et je puis avancer de plus, par la connaissance que j'en ai , que beaucoup de gens l'aiment par passion. Je mets à part si c'est une affection bien placée , ou dépravation de goût ; il a ses partisans , cela me suffit.

310. Il y a deux espèces de truffes, qui ne diffèrent l'une de l'autre que par la couleur extérieure , l'une étant rouge , et l'autre blanche tirant sur le jaune : cette dernière est préférée , ayant moins d'âcreté que la première (3o).

311. La plante qui la produit fait une quantité de racines ligneuses, blanches et menues , garnies de beaucoup de chevelu : le fruit naît entre deux terres , et tient aux racines par une espèce de pédicule au nombre de vingt ou trente , les uns plus gros , les autres plus petits : ce fruit est d'une forme alongée , arrondie aux deux extrémités , inégale , ayant des espèces d'yeux enfoncés tout autour , qui sont autant de germes de la plante, de la longueur de trois à quatre pouces,

---

(3o) On estime encore la variété violette et même brun noir.

sur dix-huit lignes environ de grosseur diamé-
trale : il est revêtu d'une pellicule qui se lève
aisément quand il est cuit : sa chair est blanche
et ferme, un peu aqueuse, sans aucune odeur.
La plante pousse plusieurs branches à la fois,
qui sont dures et ligneuses, presque triangu-
laires, de couleur en partie verte et en partie
rougeâtre, garnies de feuilles et de petits rameaux
dans toute son étendue : ces feuilles sont disposées de la même manière que celles du rosier,
et de grandeur approchante, d'un vert terne,
velues aux sommités des tiges. Il sort des aisselles
des feuilles quelques bouquets de fleurs portés
sur une queue assez longue : ces fleurs sont d'une
seule pièce, découpée en étoile, de couleur gris-
de-lin, avec quelques étamines jaunes dans le
centre, dont les pointes se réunissent et forment
une espèce de quille ; elles sont portées sur un
embryon qui se trouve au fond du calice, lequel
se change en un fruit rond, de la grosseur d'une
petite noix, qui est d'abord vert, et qui jaunit
en mûrissant. Ce fruit est charnu, et renferme
une quantité de petites graines, par lesquelles la
plante se multiplierait au besoin ; mais on ne
s'en sert pas.

312. Ce fruit est susceptible de toute sorte
d'assaisonnement : on le coupe cru par tranches
minces, et on le fait frire au beurre ou à l'huile,

après l'avoir saupoudré légèrement de farine :
on le fait cuire dans l'eau ; et, après lui avoir ôté
sa peau, on le coupe par tranches, et on le fricasse au beurre avec l'oignon : on l'apprête aussi
à la sauce blanche ; d'autres le font cuire au vin ;
mais la meilleure façon est de le hacher après
qu'il est cuit, et d'en faire une pâte avec de la
mic de pain, quelques jaunes d'œufs et des herbes
fines, dont on fait des boulettes, qu'on fait roussir au beurre dans la casserole. Les gens du commun le mangent cuit simplement dans les cendres,
avec un peu de sel ; et dans les montagnes, on
en fait du pain. Il s'en fait enfin une consommation très-considérable, particulièrement dans les
provinces voisines du Rhône ; et, outre qu'il
sert de nourriture aux hommes, on en engraisse
les animaux. J'avouerai cependant que c'est un
manger fade, insipide (31), et fort à charge à
l'estomac ; mais il a un certain goût qui plaît à
ses amateurs : que peut-on objecter contre ? et
quand on est accoutumé à une chose, combien
ne perd-elle pas de ses défauts ? Un fait certain,
c'est que ce fruit nourrit, et que par la force de

---

(31) Bien préparée, la pomme de terre n'est pas seulement un mets agréable, susceptible de beaucoup de
préparations culinaires, mais un aliment sain, nourrissant et léger. Sa fécule fait des bouillies délicates et
des flans exquis.

l'habitude, il n'incommode point ceux qui y sont
accoutumés de jeunesse ; d'ailleurs, il est d'un
grand rapport et d'une grande économie pour les
gens du bas état : ces avantages peuvent bien ba-
lancer ses défauts. Il n'est pas inconnu à Paris ;
mais il est vrai qu'il est abandonné au petit peuple, et que les gens d'un certain ordre mettent
au-dessous d'eux de le voir paraître sur leur table : je ne veux point leur en inspirer le goût,
que je n'ai pas moi-même ; mais on ne doit pas
condamner ceux à qui il plaît et à qui il est profitable.

313. Je ne lui connais aucune propriété pour
la médecine, les Auteurs l'ont passé sous silence ;
mais on avait imaginé, il y a quelques années,
d'en faire de la poudre à poudrer, qui pouvait
suppléer, dans le temps de la cherté des grains, à
la poudre ordinaire. Elle eut d'abord quelques
succès, et le Ministère aida de sa protection l'entreprise ; mais, à l'usage, on lui reconnut le défaut d'être trop pesante, et de ne pas tenir sur
les cheveux, ce qui la fit échouer, et il n'en est
plus question.

314. Cette plante se sème au mois de mars ;
elle demande une terre meuble et grasse, labourée profondément : les uns font des trous avec le
plantoir, et y jettent la semence : d'autres font
des rayons avec la binette, et la répandent de-

dans, en la recouvrant de trois ou quatre pouces
de terre ; cette dernière façon est la meilleure.
Au reste, cette semence n'est autre que le fruit
même qu'on coupe en six, huit ou dix morceaux,
suivant sa grosseur ; car, pourvu qu'il se trouve
un œil dans chaque morceau, il n'en faut pas davantage. On peut également semer les petites
truffes toutes entières, à la grosseur d'une noisette, qu'on met à part tous les ans quand on les
arrache : on les espace à douze ou quinze pouces
les unes des autres ; quand elles sont levées à
une certaine hauteur, on les serfouit ; il n'y faut
pas d'autre culture. Quelques-uns cependant leur
coupent la fane à moitié, quand elle est à peu
près à sa hauteur, pour faire mieux profiter le
pied ; d'autres l'abattent contre la terre, et jettent une bêchée de terre dessus ; mais le plus
grand nombre n'y fait rien ; et j'ai éprouvé qu'il
vient fort bien sans aucune de ces précautions.
On arrache les pieds à la fin d'octobre, et on détache les fruits, si la terre n'est pas trop scellée :
la fourche convient mieux pour cela qu'aucun outil tranchant. On laisse un peu ressuyer le fruit,
et on l'enferme ensuite, en observant qu'il ne
faut pas une serre trop chaude, qui le ferait germer, ni une cave trop humide, qui le ferait pourrir, ni aucun lieu où la gelée puisse pénétrer ; se

trouvant bien placé, il se conserve jusqu'au mois
de mai (32).

315. Je dirai un mot en passant d'une autre
espèce de truffe qui croît naturellement dans les
étangs de quelques Provinces, particulièrement
dans le Bourbonnais et dans la Bourgogne : on
la nomme de plusieurs autres noms, *truffe* ou
*truffe d'eau, macre, cornouelle, châtaigne d'eau,
charbot, etc.* Ce fruit est produit par une plante
aquatique ; sa forme est cornue, de la grosseur
d'une noix, son écorce brune, et son amande
blanche ; son goût est douceâtre, approchant de
celui de la châtaigne. On le prépare de différentes

---

(32) Les meilleures variétés de la pomme de terre
sont les suivantes : Pomme de terre de Douai ; P. des
Ardennes ; de la Côte-d'Or ; la truffe d'août de Paris ;
l'Août de Jemmapes ; la Bonne-Jaune de l'ancien dé-
partement des Forêts ; la Bleue-Noirâtre de Des Croisilles ; la Berbourg ; la petite Rose-Pâle de Des Croisilles ; la Grosse-Jaune de la halle de Paris ; la Jaune
ronde moyenne de la halle de Paris ; la pomme de
terre de Frise.

L'almanach du Bon Jardinier indique les variétés
suivantes comme les meilleures que l'on puisse cultiver aux environs de Paris : Le Cornichon jaune, ou
Hollande jaune de la halle de Paris ; la Truffe d'août ;
la Des Croisilles ; la Naine hâtive, que l'on mange dès
le mois de juin ; la Chave, ou plutôt Shaw, très-pré-
coce aussi ; la tardive d'Irlande, ou pomme de terre
Suisse.

nanières pour le manger ; les uns le font cuire
dans la cendre comme les marrons , d'autres à
l'eau bouillante. On en fait du pain et une espèce
de bouillie dans le Limousin, dont les enfans sont
très-friands ; quelques-uns les mangent crus comme les noisettes : et tous les auteurs anciens et
modernes qui en ont parlé, en remontant jusqu'à Dioscoride et Théophraste , l'ont loué comme un mets rafraîchissant et un aliment utile. On
lui accorde même des propriétés pour certaines
maladies : étant cuit et appliqué en cataplasme
sur les inflammations , il les résoud ; son suc est
fort bon aussi pour les maladies des yeux ; et sa
décoction avec le miel, en gargarisme , est très-
propre à nettoyer les gencives ulcérées.

CHAPITRE VIII.

Topinambour (*).

3ı6. Voici le plus mauvais de tous les légumes,
dans l'opinion générale ; cependant le peuple,
qui est la partie la plus nombreuse de l'humani-

(*) *Helianthus tuberosus* : L.

té, s'en nourrit : je dois par conséquent placer ce légume avec les autres.

317. Sa racine est un assemblage d'une multitude de petites racines et de fibres, entre lesquelles naissent les bulbes qui y sont attachées : sa tige est rameuse et élevée de trois à quatre pieds, de la grosseur du pouce, cannelée, creuse et velue ; ses feuilles sont grandes, oblongues et pointues, un peu velues ; chaque rameau est terminé par une fleur jaune, radiée, formée en soleil, dont tous les pétales sont appuyés sur un calice disposé en boule, qui renferme la graine ; cette graine est menue, de couleur brune. Ses fruits sont de la grosseur d'un œuf, quelquefois deux et trois fois plus gros, d'une forme baroque, garnis de pointes et de nœuds dans leur circonférence, de couleur blanche en dedans, et rougeâtre en dehors.

318. Ce fruit qui fait tout l'objet de la plante, se mange à la sauce blanche, après avoir été cuit dans l'eau ; d'autres le fricassent au beurre avec l'oignon : son goût approche assez de l'artichaut ou du salsifis ; mais il est mollasse et pâteux : il se conserve tout l'hiver jusqu'à Pâques (33).

319. On l'emploie quelquefois dans la méde-

---

(33) Jusqu'au mois de mai, comme la pomme de terre et la plupart des racines.

cine, pour arrêter les cours de ventre, étant de sa nature détersif, astringent et pectoral : on le mange cuit, ou on en boit la décoction.

320. Cette plante est venue originairement d'Amérique, du pays des Topinambous, d'où elle tire son nom ; et on l'appelle aussi *Pomme de terre* (34). Elle se multiplie de graine, ou de son propre fruit, qu'on replante au mois de mars, de la même manière que la truffe. Toute terre un peu meuble lui est bonne, et elle ne demande aucun soin particulier. On arrache les fruits aux approches des gelées, et on les met en tas dans la serre ; d'autres courent l'événement de l'hiver, et les laissent en terre jusqu'au printemps (35).

CHAPITRE IX.

Carotte (*).

321. CETTE plante est une des plus communes du potager, par l'usage continuel qu'on en fait

---

(34) Ou plutôt Poire de terre.

(35) Le Topinambour est vivace ; on peut laisser en terre les tubercules destinés à sa reproduction , et s'é. viter ainsi les soins de la plantation au printemps.

(*) *Daucus Carota* : L.

dans la cuisine ; elle sert toute l'année sans intervalle , d'autant que les nouvelles succèdent aux vieilles.

322. Il y en a de quatre espèces qu'on cultive toutes dans ce climat ; savoir : la blanche longue, la blanche ronde , la jaune longue et la jaune ronde (36).

323. La première fait sa racine droite , longue d'un pied , unie et très-grosse , diminuant insensiblement depuis la tête jusqu'à sa pointe ; sa couleur est d'un blanc roussâtre , tant en dedans qu'en dehors, et son goût est douceâtre. Sa feuille est grande, découpée très-menu , à peu près comme le fenouil ; sa côte et ses nervures sont arrondies en dessous , et formées en gouttières par-dessus , revêtues de petits poils blancs. Ses petits feuillages sont rangés avec symétrie le long de la côte , et refendus uniformément , se terminant tous en pointe , d'un vert foncé et lisse ; sa tige est de moyenne grosseur , ronde et branchue , s'élevant à quatre pieds environ. Au sommet de la tige et des rameaux , est un parasol de la grandeur de la main , composé de petites fleurs en rose , à cinq pétales blancs , iné-

---

(36) On estime beaucoup la carotte courte de Hollande ; la Violette d'Espagne est excellente , très-sucrée , et susceptible d'acquérir un volume assez considérable dans les terres meubles et profondes.

8*

gaux, dont le calice se change en un petit fruit oblong, cannelé, aplani d'un côté, et convexe de l'autre, environné de poils dans toute sa circonférence, de couleur grise. Lorsque ces petits fruits, qui ne sont autres que la semence, approchent de leur maturité, tous les rayons qui composent le parasol se recourbent en dedans, et prennent la figure d'un nid d'oiseau. Toutes les parties de cette plante, mais particulièrement la semence, exhalent une odeur forte et aromatique, qui, sans être agréable, n'a rien qui déplaise.

324. Les trois autres espèces sont semblables à la première, quant aux feuilles, tige, fleurs et fruits; mais elles diffèrent par la racine : la blanche ronde est courte et grosse, formée en toupie, d'un blanc roux en dehors comme en dedans : la jaune longue la fait allongée, fort unie, grosse, et d'un jaune souci, tant en dehors qu'en dedans : la jaune ronde est de même couleur, mais conformée comme la blanche ronde.

325. Sa racine, qui est la seule partie dont on fasse usage, sert pour toutes les soupes, tant grasses que maigres, soit seule, soit accompagnée d'autres racines; elle donne un fort bon goût au bouillon, et le rend doré : on la fricasse avec l'oignon, et c'est un manger assez commun dans beaucoup de communautés. Lorsqu'elle est

jeune et tendre, on la substitue aux navets dans les haricots de mouton ; on en garnit aussi différentes volailles en ragôut, surtout les canards ; elle entre dans tous les jus de viande qu'on fait. C'est de toutes les racines enfin la plus utile dans la cuisine, et le goût ménagé en plaît généralement, quoique beaucoup de personnes n'aiment pas à la manger séparément.

326. Elle a quelques propriétés pour la médecine ; ses feuilles sont vulnéraires et sudorifiques ; la racine et la graine sont apéritives ; elles aident à faire sortir la pierre, et provoquent les mois aux femmes : on les fait bouillir dans l'eau, et on en boit quelques verres dans la journée.

327. Chacun suivant son idée cultive celle des quatre espèces qui lui plaît le mieux ; mais il est pourtant certain que la jaune des deux espèces est la plus délicate, plus tendre, et cuit mieux ; la blanche par contre, résiste mieux aux humidités de l'hiver, qui font périr souvent la jaune, dans les faux dégels particulièrement. On observe cependant la qualité des terres pour la placer à propos : dans celles qui sont légères et meubles, la longue des deux espèces se cultive par préférence aux deux rondes, parce qu'elle pique facilement, et que, venant extrêmement longue, elle est plus profitable que l'autre ; mais dans les terres fortes, glaiseuses ou cailloutcuses, où la

longue fourcherait, la ronde convient mieux, parce qu'elle répare en grosseur ce qu'elle ne peut avoir en longueur. Chacun suivant sa situation se règlera donc pour le choix des espèces.

328. On les cultive toutes également : la graine se sème en deux temps, au printemps, et à la fin de septembre, en observant que dans les terres légères on peut semer à la mi-mars, et que dans les terres fortes il faut attendre à la mi-avril, à cause des insectes qui la dévorent quand elle lève ; dans ces sortes de terres grossières, cette racine est bien sujette à devenir fourchue et véreuse : il faut les ameublir tant qu'on peut par des terreaux qu'on y mêle, et par des labours faits en saison propre : les deux extrémités de sécheresse et d'humidité sont à éviter. La deuxième semence se fait du 15 au 30 septembre, et il faut avoir soin de la sarcler en octobre et de la couvrir avec de la grande litière ou des feuilles sèches aux approches des gelées. Au mois de mars suivant, quand elle commence à pousser, il faut l'éclaircir si elle est trop drue et la visiter souvent pour arracher, dès qu'on s'en aperçoit, celles qui montent ; car on prétend qu'elles communiquent aux autres leur disposition à monter, si on ne les retire pas : plusieurs maraîchers me l'ont assuré sur leur expérience. Surtout on ne doit pas semer de la graine nouvelle, qui

monte plus aisément que la vieille. Enfin, on peut commencer de s'en servir à la fin d'avril suivant, et elle fournit jusqu'à ce que celle qu'on a semée au commencement de l'hiver soit assez forte ; mais, comme elle ne sert que pendant cet intervalle, et qu'elle est sujette à monter au mois de juin, il n'en faut semer qu'à proportion de la consommation qu'on en peut faire. Au surplus, il faut s'arranger, pour l'une et l'autre semence, de manière que la terre ait eu préalablement deux bons labours ; et lorsqu'on a des terres nouvellement défoncées, nulle place ne lui convient mieux.

329. On la eut semer à la volée ou par rayon, avec l'attention de la marcher quelques heures après qu'elle a été semée, pourvu qu'il fasse beau, et que la terre se hâle un peu. On perd moins de place de la première façon ; mais d'un autre côté, on ne peut pas la serfouir comme dans la seconde disposition ; elle vient pourtant presqu'également bien d'une façon comme de l'autre, et chacun suivra son idée à cet égard. L'essentiel pour qu'elle grossisse, c'est qu'elle soit souvent sarclée et mouillée dans sa jeunesse, et surtout espacée convenablement. Il faut pour cet effet l'éclaircir le plus tôt qu'on peut, c'est-à-dire, quand la racine est à peu près de la grosseur d'une plume à écrire, et laisser cinq ou six pouces d'in-

tervalle en tous sens de l'une à l'autre; plus elle est écartée, plus elle a de nourriture qui la fait profiter. Quelques jardiniers sont dans l'usage d'en jeter quelques graines dans leurs planches d'oignons; et dans cette situation où elles sont à l'aise, j'en ai vu de la grosseur du poignet; mais l'attention qu'il faut avoir en suivant cette pratique, que je n'approuve pas, c'est de leur couper fréquemment la fane, pour que l'oignon n'en soit pas tant incommodé. La même opération se doit faire deux fois dans le cours de l'été, en telle situation qu'elles soient, soit en planches, soit en bordures où elles sont encore mieux : rien ne contribue davantage à les faire grossir, et si on a des animaux, ce feuillage est très-bon pour les nourrir.

330. Le ver de hanneton coupe souvent sa racine : c'est le seul ennemi de cette plante, qu'on ne peut détruire qu'en les cherchant au pied de celles qu'on voit fanées, comme je l'ai dit pour les chicorées.

331. Aux approches de janvier on en arrache une partie, qu'on met en serre pour fournir pendant les gelées, après les avoir lavées et laissées ressuyer, et on se contente de les ranger les unes sur les autres, la tête en dehors, sans les couvrir de sable. En Flandre et en Allemagne, on leur coupe entièrement la tête pour les empêcher de

pousser, et on prétend qu'elles se conservent
mieux.

332. Il ne faut pas une serre trop chaude : il
suffit que la gelée ne pénètre pas dans le lieu où
on les met. On règle la quantité, non-seulement
sur la consommation qu'on en peut faire, mais
aussi sur la plantation qu'on en veut faire après
l'hiver, pour donner de la graine ; et ceci doit
s'entendre de l'espèce jaune, qui risque de périr
en pleine terre. On met à part pour ce dernier
usage les plus grosses, les plus unies et les plus
droites, auxquelles il faut bien se garder de couper la tête, et on les replante à la fin de février,
à un pied de distance les unes des autres, et en
échiquier. Si le terrain, où on se trouve, par
l'expérience qu'on doit en avoir faite, est d'une
nature où cette racine puisse se conserver pendant l'hiver, il vaut encore mieux la laisser en
place que de l'arracher ; et dans le doute, on
peut y jeter quelque couverture, si on en a, soit
litière, soit feuilles.

333. La carotte ainsi replantée fait sa tige au
mois de mai, et la graine se trouve bonne à recueillir à la fin d'août ; on doit la ramasser en
plusieurs temps, à mesure qu'elle sèche, et mettre à part les premiers parasols, dont la graine
est toujours plus franche et meilleure que de ceux
qui viennent après. Avant de la nettoyer et de

l'enfermer, on la laisse quelques jours au soleil
pour se perfectionner : elle se conserve bonne
deux ans.

334. Lorsqu'on la sème, il faut avoir attention de la froisser auparavant entre les mains,
pour faire tomber tous les petits poils dont elle
est revêtue : on la sème plus aisément et plus également.

335. Outre les quatre espèces dont je viens
de parler, il y en a une cinquième, qui est
rouge comme la betterave, tant en dehors qu'en
dedans, et qui est fort commune en Allemagne ;
mais elle n'a jamais pénétré ou pris faveur en
France ; je l'attribue à sa couleur, qui teint le
bouillon et les ragoûts dans lesquels on la mêle :
elle a d'ailleurs fort bon goût, et on la préfère
aux autres dans certains pays.

336. Nous avons encore la carotte sauvage
qu'on trouve communément dans les prés, et
qui pourrait au besoin se manger, lorsqu'elle
est jeune et tendre ; mais la cultivée n'est pas assez rare pour y avoir recours. Sa semence a beaucoup de vertu ; c'est une des quatre mineures :
elle est carminative, apéritive, hystérique, stomacale et alexitère. Ceux qui habitent les campagnes, doivent en ramasser dans la saison : elle
se trouve au besoin.

337. Il est assez rare qu'on élève la carotte

sur couche ; cependant, il se trouve des gens qui en veulent, et il est vrai qu'elle est beaucoup plus tendre et beaucoup plus délicate que celle qui a passé l'hiver en terre, soit de la première, soit de la seconde semence. Pour les satisfaire, on prépare, dès le commencement de janvier, une couche proportionnée au besoin, qu'on charge de huit à dix pouces de terreau ; et quand elle est bonne à semer, on sème la graine fort clair. On la soigne comme les autres semences de cette saison, en lui donnant de l'air à propos, et la couvrant suivant le besoin : sur la fin de mars, on peut commencer d'en jouir. Cette plante s'allie fort bien sur la même couche avec les racines du persil, de l'oseille, et autres qu'on veut avancer, pour en jouir pendant l'hiver.

CHAPITRE X.

Navet (*).

838. Le navet est la racine d'une plante qui porte le même nom, et qui est annuelle.

33g. Cette racine est de forme, grosseur et

(*) *Brassica napus :* L.

couleur différentes, suivant l'espèce ; elle est
charnue et douce, exhalant une petite odeur assez agréable ; sa feuille est un peu allongée, découpée profondément, rude et velue, d'un gros
vert ; elle se couche sur terre. Sa tige, qui s'élève
à deux ou trois pieds, est branchue et lisse, plus
ou moins grosse, suivant l'espèce ; les fleurs naissent en abondance aux extrémités de ses rameaux.
Cette fleur est de couleur jaune, quelquefois
blanche, à quatre feuilles disposées en croix ; le
calice pousse un pistil qui devient une silique,
lorsque la fleur est passée ; cette silique est composée de deux panneaux appuyés sur les bords
d'une cloison mitoyenne, qui divise ce fruit en
deux loges, remplies de quelques semences rondes et brunes.

340. Ce fruit est d'une très-grande utilité
pour la table ; on le mange en gras et en maigre,
de beaucoup de façons différentes. Il sert dans
les soupes ; on l'emploie avec les viandes de toute
espèce, mais particulièrement avec le mouton et
le canard ; on l'apprête à la sauce blanche et à la
moutarde ; on le frit en pâte dans certains pays ;
il est susceptible enfin de toutes sortes d'accom-
modemens ; et c'est un manger sain, quoiqu'on
l'accuse d'être un peu venteux.

341. Le navet a aussi de grandes propriétés
dans la médecine ; sa décoction est d'un usage

très-familier dans les bouillons propres pour la
poitrine : mêlé avec le sucre, elle forme de
même un sirop très-estimé pour apaiser la toux
invétérée, et pour l'asthme.

342. La manière de faire ce sirop est de couper les navets par rouelles, après les avoir ratis-
sés, d'en remplir un pot de terre, le couvrir et
le boucher hermétiquement avec de la pâte. On
le met ensuite au four, quand on a retiré le pain ;
on l'y laisse pendant douze ou quinze heures, et
on sépare le jus qui se trouve au fond du pot.
Sur quatre onces de ce jus, on jette une once de
sucre candi qu'on laisse fondre, et on en prend
une cuillerée seule, ou mêlée avec un verre de
tisane. Ce sirop est souverain pour les rhumes,
de même que pour adoucir les âcretés de la poitrine. La semence de cette plante est apéritive :
on en prend deux gros concassés et infusés dans
un verre de vin blanc. La décoction du navet a
encore la vertu de guérir les engelures, quand
on s'en lave souvent les pieds ou les mains, et
chaudement ; d'autres appliquent le fruit cuit en
cataplasme sur le mal.

343. Il y a beaucoup d'espèces de navet, que
je réduirai à six, qui sont les meilleures pour
notre climat ; je dis pour notre climat ; car il y
en a de fort supérieures, mais qui ne sont propres
qu'à la veine de terre qui les produit, tels que

les navets de Freneuse , de Saulieu en Bourgogne , de Saint-Jôme , du Gatinais , etc. On en
fait venir tous les ans à Paris de tous ces endroits ; mais on ne saurait les y élever , j'entends
pour les avoir aussi bons : l'espèce dégénère , et
tout l'art ne saurait y obvier. C'est de toutes les
plantes celle qui s'accoutume le moins au changement de terrain , et qui vient le mieux contre
toute raison dans les terres arides et caillouteu-
ses , où toutes les autres ne font que languir.

344. Les six espèces dont je fais choix , sont
le petit navet de Berlin, de Vaugirard , le commun blanc long , le rond , le gris , et celui de
Meaux (37).

345. Le navet de Berlin est fort menu , plus
long que rond , et blanc ; c'est le plus hâtif et le
meilleur ; il n'est pas beaucoup connu ; mais
ceux qui l'ont éprouvé le préfèrent aux autres
avec justice ; son goût est fort relevé , et parfaitement tendre.

---

(37) Voici le nom des variétés les plus estimées :
Navet de Freneuse; N. de Meaux, N. de Saulieu, à
écorce brune ; le Tellau ou petit navet de Berlin ; N.
de Vertus; N. rose du Palatinat , gros navet long d'Alsace , peu délicat ; N. de Clairefontaine ; N. blanc , plat
hâtif; N. rouge , plat hâtif; N. Turneps ou Rabioule ; N.
jaune de Hollande ; N. jaune d'Écosse ; N. noir d'Alsace ; N. gris de Morigni.

346. Le navet de Vaugirard est de médiocre grosseur, un peu allongé, d'un blanc sale, tirant sur le gris du côté de la tête, d'un bon goût, et tendre : il est fort commun à Paris, et fort estimé.

347. Le navet commun, tant le long que le rond, sont ceux qu'on cultive le plus communément à Aubervilliers et autres lieux voisins, qui en fournissent Paris : il y a peu de différence entr'eux pour la qualité ; mais le rond vient plus gros ; la peau en est fort blanche, leur chair est douce et tendre, et le goût assez bon.

348. Le navet gris a la peau grise comme son nom l'annonce , et la forme assez allongée. Il a ses partisans qui le préfèrent aux blancs, à cause de son goût qui est un peu relevé ; mais pour l'ordinaire il n'est pas si tendre, et il est plus sujet à être véreux.

349. Le navet de Meaux est celui qui rend le plus de profit par sa grosseur et sa longueur, qui est communément de huit à dix pouces ; sa couleur extérieure est d'un blanc jaunâtre, sa chair très-blanche ; il est tendre et d'une saveur fort agréable. On en fait grand cas ; mais on remarque que celui qu'on apporte de Meaux est meilleur que celui qu'on élève aux environs de Paris.

350. Ces six espèces se cultivent de la même manière : on en sème en deux temps, au mois de mars et au mois d'août ; mais dans beaucoup de

terrains, ils ne réussissent pas au printemps. La
terre la plus légère est celle qui leur convient le
mieux. Dans les terres fortes et humides, ce légume est presque toujours véreux et sans goût;
il est important, de plus, que la terre ait été bien
labourée, et qu'elle soit saine. Quand on fait la
semence trop sèche ou trop trempée, la graine
ne se distribue pas également, et ne lève pas si
bien, et comme cette graine est très-menue, il
faut user de précaution pour ne pas en répandre
plus qu'il ne faut; la meilleure est de la mêler
avec trois fois autant de cendre ou de sciure de
bois, et de la répandre le plus également qu'on
peut; elle ne saurait être semée trop clair. Il
faut de plus, quand elle est levée, et qu'elle est
venue à un certain point de force, éclaircir le
plant, de manière qu'il y ait six pouces environ
de distance d'un pied à l'autre. En même temps
qu'on fait cette opération, on sarcle les mauvaises herbes, et cette double façon est très-
importante. Je sais que beaucoup de gens s'en
dispensent, surtout dans les campagnes où on en
sème des champs entiers; mais je sais aussi qu'on
n'en fait pas mieux, et nos maraîchers des environs de Paris, qui en connaissent l'utilité, y
sont très-exacts : il n'y a pas d'autre précaution
à prendre. Cette plante se sème plus ordinairement dans les terres qui ont rapporté du blé, que

dans les jardins ; cependant lorsqu'on a un jardin d'une certaine étendue, il est agréable de l'avoir sous la main. Elle a un ennemi cruel qui est sa lisette ; cet insecte dévore ses deux oreilles dès qu'elle lève, et il n'y a plus de ressource. On propose, pour l'écarter, de répandre de la cendre dessus, ou de la suie de cheminée à la rosée du matin (38), vain expédient, dont j'ai fait l'épreuve il y a long-temps sans aucun succès. Le plus court, quand le mal est à un certain point, c'est de donner une petite façon à la terre, de semer d'autre graine qui a souvent le même sort que la première, auquel cas il faut y renoncer. Cet inconvénient est commun dans beaucoup de terrains, surtout dans les années sèches, et ceux qui les connaissent doivent être en garde pour ne pas perdre du temps et de la semence. J'ai pourtant observé qu'en la semant tard, c'est-à-dire après la mi-août, cet insecte, qui commence à se retirer, ne la fatigue plus tant. Lorsqu'elle réussit, les navets sont ordinairement bons deux mois après, et il ne faut pas les laisser plus long-temps en terre ; car ils se cordent,

---

(38) La suie répandue fine et assez abondamment pendant plusieurs jours de suite, quelques instans avant le coucher du soleil, suffit pour écarter les insectes jusqu'à ce que la plante ait acquis assez de force pour n'avoir plus rien à craindre.

ou les vers s'y mettent, ou les mulots les mangent : on les arrache à la main , ou avec une ser-
fouette s'ils sont trop gros , et on les ferme dans
la serre jusqu'au besoin , après leur avoir tordu
la fane : ceux du printemps qui se conservent pour
l'été , et ceux du mois d'août passent tout l'hiver,
étant mis dans le sable. A Aubervilliers les maraîchers en sèment dans leur enclos, qu'ils laissent en terre tout l'hiver , et ils ne se gâtent pas
comme dans beaucoup d'autres terrains ; chacun,
suivant le sien , en disposera à son gré. Dans
les pays où il s'en fait de grandes plantations , on
fait au milieu de la pièce un trou proportionné à
la quantité , et on les range dedans. On les couvre ensuite avec du chaume, et ils s'y conservent
parfaitement , pourvu que l'eau des pluies ait
quelque écoulement , et que les pleurs des terres
ne les inondent pas.

351. Les amateurs de ce légume en sèment sur
couche dès le mois de février, dont ils jouissent
au commencement de mai : il faut en ce cas que
la couche soit chargée de huit à neuf pouces de terreau , et que sa chaleur soit considérablement
amortie ; car, pour peu qu'elle soit trop chaude,
les navets fourchent et viennent couverts de petites racines, ce qui est un grand défaut.

352. On ne connaît pas à Paris une autre espèce de navet, qui est fort commun, et dont on

fait un grand usage dans beaucoup de provinces; elle est connue sous le nom de *rave* (39), qui lui est véritablement propre. Sa couleur est blanche, tant en dedans qu'en dehors; sa forme est plate, et sa circonférence est aussi grande quelquefois que celle du chapeau. Elle a une saveur douce et agréable, qui l'emporte sur celle de tous les autres navets; mais elle n'est parfaitement bonne que dans la soupe; à toute autre sauce, elle ne vaut pas le navet; cependant les gens de la campagne, qui sont peu délicats, en font usage de toute façon. Cette espèce est d'un très-grand rapport; et, outre qu'elle sert d'aliment à l'homme, elle a le mérite de nourrir et d'engraisser merveilleusement les bestiaux : je ne sais pourquoi elle n'a jamais pris faveur dans ce climat, où elle réussirait parfaitement, en ayant vu l'épreuve chez moi et chez d'autres particuliers.

353. On m'a beaucoup vanté une autre espèce de navet qui se trouve en Allemagne, dont la chair est jaune comme une carotte, et fort tendre; et on m'a ajouté qu'il n'est jamais véreux, parce qu'il ne tient à la terre que par l'extrémité de sa racine, et que tout le reste est saillant. Ceux qui en seront curieux pourront s'en informer plus

---

(39) C'est la Rabioule ou Turneps.

particulièrement dans les environs de Darmstadt, où on m'a dit l'avoir vu.

354. Pour recueillir la graine de toutes les es- de navets, on choisit la quantité qu'on juge à propos des plus beaux fruits, et on les met en terre au mois de mars, à un pied de distance : ils poussent leur tige bientôt après , et la graine se trouve bonne au mois d'août : on arrache les pieds , ou on les coupe le matin à la rosée , pour qu'elle ne se détache pas ; on la laisse encore sé- cher quelques jours , après quoi on la bat et on l'enferme : elle ne se conserve bonne que pendant deux ans (40).

CHAPITRE XI.

Salsifis communs (*).

355. LE salsifis commun, qu'on nomme au- trement *salsifis blanc*, diffère du salsifis d'Espa-

(40) Le navet est de tous les légumes celui qui varie le plus de saveur, suivant la nature des terrains. Ex- cellent dans certaines terres, il est dans d'autres aqueux et insipide.

(*) *Scorzonera purpurea* : L.

gne (41) par sa racine , qui est blanche en dehors comme en dedans ; elle vient plus grosse aussi , et moins sujette à fourcher.

356. Sa feuille est très-étroite et lisse, formée en gouttière, longue de douze à quinze pouces , d'un vert d'eau blanchâtre : sa tige est branchue, assez grosse, haute de trois ou quatre pieds ; sa fleur est d'un rouge violet formée en soleil : elle est placée à l'extrémité de ses tiges, et sort d'un bouton allongé de la même manière que le salsifis d'Espagne ; mais le bouton et la fleur sont beau-coup plus gros. Après que la fleur est passée, le bouton s'ouvre, et la graine s'écarte de la même manière, en forme de houppe, chaque graine étant accompagnée de son aigrette. Cette graine est plus grosse du double que celle du salsifis noir , un peu plus longue aussi, et sa couleur est grise ou cendrée.

357. La racine, quoique moins efficace que la première espèce, sert à son défaut, aux mêmes usages pour les maladies suspectes de malignité : je n'en dirai point davantage.

358. Cette racine, quoique moins relevée en goût que l'autre , sert néanmoins très-utilement pour maigre , et fait un aliment

---

(41) Scorsonnera ou salsifis noir.

fort sain : on la mange apprêtée de la même manière. Je ne répèterai pas ce que j'en ai dit.

359. Elle a l'avantage sur la noire, de n'occuper la terre qu'une année : on la sème en avril
ou en mai, suivant les terrains, et elle est bonne
à lever dès Novembre ; mais on la réserve communément pour le carême. On la cultive, au
surplus, comme l'autre, et elle demande même
qualité de terre.

360. Elle résiste assez ordinairement aux gelées et à tous les mauvais temps ; ainsi il n'est pas
besoin de l'arracher pour s'en servir au printemps :
mais si on veut en faire usage pendant l'hiver, il
faut en arracher, aux environs de Noël, la quantité dont on présume avoir besoin, et la mettre en
serre dans du sable frais, ou l'enterrer dans une
tranchée qu'on fouille dans le jardin, et qu'on a
soin de bien couvrir pendant les gelées.

361. On laisse en place la quantité qu'on veut
garder pour graine ; et si on craint que les gelées
l'endommagent, quoiqu'il y ait peu de risque, on
peut couvrir la place avec des feuilles sèches : les
fumiers sont trop précieux pour les employer à
cet usage.

362. Sa fane sèche entièrement pendant l'hiver ; mais, dès que le printemps arrive, on voit
la feuille repousser, et on lui donne aussitôt un
petit binage ; bientôt après elle fait sa tige, et

sa graine se trouve mûre au mois de juillet.

363. Il y a les mêmes précautions à prendre qu'à l'autre, pour la pouvoir conserver : les oiseaux la dévorent en partie et le vent emporte le reste, si on n'est habile à la prendre au moment qu'elle épanouit, pour faire sa houppe. Il y a pourtant un moyen, que je pratique, pour se défendre du vent; c'est de couper avec des ciseaux les boutons à fleurs au-dessus de la graine, quand ils commencent à jaunir. Il est aisé de juger la place qu'elle occupe dans le bouton, pour ne pas l'endommager. Cette opération procure un second bien, qui est de ramasser la graine nette ; car le ciseau emporte les aigrettes qui donnent prise au vent, et on n'a pas la peine de la nettoyer, ce qui est une sujétion.

364. Après l'avoir ramassée, on la laisse encore un jour ou deux exposée au soleil sur un drap; on la vanne et on l'enferme : elle n'est bonne à semer sûrement que la première année; à la seconde, il en lève encore quelquefois une partie ; mais il n'y faut pas faire un fond certain.

CHAPITRE XII.

Salsifis d'Espagne (*).

365. L E mérite du salsifis d'Espagne, qu'on nomme autrement *Scorsonère*, consiste dans sa racine, qui est une des meilleures et des plus saines.

366. Cette racine est noire à l'extérieur, blanche en dedans, et de la grosseur du petit doigt, presque égale aux deux extrémités, et fort droite quand la terre est bien meuble : mais dans beaucoup de terrains elle vient fourchue.

367. Sa feuille est fort étroite, jusqu'au tiers de sa longueur ; elle s'élargit ensuite précipitamment, et se termine en pointe très-déliée ; en sorte que son plein, qui est d'un pouce environ, se trouve placé aux deux tiers de sa longueur, qui est de huit à neuf pouces : ses bords sont garnis de petites pointes, en forme de dents de scie, inégalement placées ; et sa couleur est d'un vert de pré. Sa tige est ronde et déliée, légèrement cannelée, moelleuse et branchue, garnie de quelques

(*) *Scorzonera Hispanica* : L.

feuilles d'intervalle en intervalle, et haute de
trois pieds environ : ses fleurs sont placées à l'extrémité de ses petites branches, disposées comme
une marguerite, de couleur jaune : les pétales qui
la composent sortent d'une espèce de bouton
allongé, qui grossit à mesure que la fleur se passe,
et qui renferme la semence, qui, venant à mûrir,
rompt le calice, et s'écarte en forme de houppe,
de la grosseur d'une boule de billard, ayant une
aigrette à l'extrémité de chacune de ses graines
qui sont longues, menues et blanches.

368. Sa racine sert d'aliment en maigre, depuis novembre jusqu'en mai ; mais c'est principalement au printemps qu'on en fait usage : on l'as-
saisonne à la sauce blanche, ou on la frit avec une
pâte comme les artichauts. Les bons cuisiniers
l'accommodent encore de plusieurs autres façons,
et lui donnent différentes formes ; on en fait aussi des entremets en gras, qui sont estimés.

369. Elle a ses propriétés de même pour la
santé. Sa principale qualité est d'être cordiale
et sudorifique : on l'emploie dans toutes les ti-
sanes qu'on fait pour les maladies suspectes de
malignité, et dans la petite vérole principalement.
Elle est bonne contre la morsure des serpens, et
autres bêtes venimeuses ; on l'ordonne aussi pour
provoquer les mois des femmes. Ses feuilles ont de
même leurs vertus, et entrent dans la composition

de plusieurs eaux distillées, qu'on prend pour les maux de poitrine. Cette plante, par conséquent, mérite sa place dans un potager.

370. Sa culture est à peu près la même que celle des autres racines; on sème la graine à la fin d'avril dans les terrains secs, et à la mi-mai dans les terres fortes : quand on la sème plus tôt, elle est sujette à pourrir; il faut que la terre soit un peu échauffée pour la faire germer et lever : elle demeure pour l'ordinaire quinze jours ou trois semaines avant que de sortir. On peut aussi la semer au mois d'août.

371. La terre doit être parfaitement meuble et bien préparée, sans motte ni pierre ; car, mieux elle est travaillée, plus la racine pique avant et vient droite et unie, qui est son principal mérite. Dans les terres fortes, elle est sujette à venir fourchue, véreuse et par conséquent mauvaise, à moins qu'on ne l'allège avec beaucoup de terreau, qu'on mêle bien avec la terre. Il faut d'abord donner un labour très-profond dans le mois de novembre, et un second avant que de faire la semence ; et lorsqu'on peut la placer dans un terrain nouvellement défoncé, elle s'y trouve encore mieux. Au défaut de cette situation, la terre qu'on lui destine doit avoir été fumée l'année précédente, et occupée par des plantes qui ne l'aient pas trop effritée, comme, par exemple, les

choux : on doit bien se garder au reste de la
allumer avant qué de semer ; car toutes les racines
viendraient contrefaites.

372. On sème la graine en bordure ou en
planche, par rayons à sept à huit pouces de distance l'un de l'autre ; et, après que la semence est
faite, ou même avant que de la répandre dans les
rayons, il faut laisser hâler la terre pendant
quelques heures. On sème ensuite, et on la marche légèrement ; on la recouvre après, et on passe
le râteau pour unir la terre. Le lendemain, quand
elle est un peu hâlée, on la mouille bien, et on
continue de deux en deux jours, si le temps est au
sec, jusqu'à ce qu'elle soit bien levée ; il est même
à propos, quelques jours avant qu'elle ne lève,
de lui donner un coup de râteau, pour rompre
la croûte qui s'y fait, et lui faciliter sa sortie de
terre.

373. Nos maraîchers d'Aubervilliers, qui en
sèment des champs entiers, ne prennent pas tant
de précautions ; mais ils doivent, à la constitution
de leur terre, l'avantage qu'ils ont de pouvoir
s'en affranchir. Cette terre, dont les parties
sont souples et déliées, ne se scelle et ne se fend
presque jamais ; elle ne se sèche pas non plus sitôt
que beaucoup d'autres, et les racines de toutes
sortes de plantes s'y font jour avec une facilité qui
n'est pas ordinaire. Elle a peut-être d'ailleurs des

9**

sels et des nitres particuliers, qui font profiter cette racine dans une année, autant qu'elle fait en deux dans la plupart des autres terrains ; ce qui fait qu'on la lève au bout de l'année, et que partout ailleurs on la laisse deux ans en place, pour l'avoir d'une grosseur raiso nnable : il ne faut donc pas les prendre pour modèles à cet égard.

374. Six semaines après que cette racine est levée, il faut l'éclaircir et laisser deux bons pouces d'intervalle entre chaque pied : on les sarcle en même temps et on les mouille après, pour rassurer les terres et remplir les vides : passé cela, on ne les arrose plus.

375. Cette plante, différente en ceci de toutes les autres racines, porte sa graine la même année qu'elle est semée, sans que la racine en reçoive aucune altération. Dès la fin de juin, elle commence à faire son montant, et elle se trouve mûre en juillet.

376. Il faut avoir l'attention de la retirer à mesure qu'elle s'épanouit ; car le moindre vent l'emporte ; et les oiseaux, d'ailleurs, qui en sont très-gourmands, la secouent et la mangent. On doit y faire une revue deux ou trois fois tous les jours, pour la ramasser.

377. Lorsqu'elle est tout-à-fait cueillie, il faut couper toutes les tiges à fleur de terre, et la

mouiller amplement ; elle reverdit bientôt après : il n'y a plus d'autre façon à lui faire.

378. Si on en veut manger pendant l'hiver, on en tire ce qu'on veut à la fin de novembre, et on l'enterre dans la serre ou dans une tranchée, comme je l'ai expliqué pour d'autres plantes. Mais si on la réserve pour le printemps, on ne l'arrache qu'au fur et à mesure qu'on la consomme ; et elle est toujours meilleure fraîchement tirée de terre.

379. Ce que je viens de dire, c'est autant qu'on voudrait la manger la première année : mais, comme cela n'est pas ordinaire dans les jardins particuliers, on la laisse en place sans aucun soin, jusqu'à ce qu'on veuille en jouir, à la fin de la seconde ou de la troisième année. On se contente simplement de la serfouir à l'entrée du printemps, lorsqu'elle commence à pousser ses nouvelles feuilles qui la font reconnaître ; car pendant l'hiver toute sa fane périt.

38o. Peu de tems après, elle pousse sa tige qui s'élève et fournit beaucoup plus que celle de sa première année ; sa graine mûrit aussi plus tôt, et se trouve bonne à cueillir au commencement de juillet. On doit la préférer à celle de la première année ; et la raison en est, que le pied qui a le plus de force, la nourrit mieux. Elle se conserve bonne deux ans.

381. Dans les endroits voisins des bois où on est accablé d'oiseaux, il est très-difficile de la sauver en cette saison, où les grains ni aucune graine ne sont encore mûrs; et on est obligé souvent de la faire garder, si les épouvantails ne suffisent pas; car, sans attendre même qu'elle soit mûre, ils percent l'enveloppe du bouton, et la mangent verte. Pour obvier, au moins en partie, à leur dégât, lorsqu'on n'a pas la commodité de la faire garder, on peut pratiquer ce que je fais : c'est de couper tous les boutons qui commencent à jaunir, sans attendre qu'ils s'ouvrent, et de les étendre sur un drap au soleil; bientôt après ils se développent, et la graine en est également bonne. Cette graine est sujette encore à un autre fléau, qui est la nuile, laquelle s'attache aux tiges et les fait périr. A cela, point de remède : il faut en réserver plus que moins, pour n'être pas au dépourvu.

382. Cette plante a pour ennemi le ver de hanneton (42), qui coupe sa racine. Dès qu'on aperçoit quelque pied dont la feuille se fane, il faut le chercher promptement, sans quoi il ruinerait des rayons entiers. La taupe y fait aussi quelquefois bien du ravage : il faut y veiller et la prendre.

---

(42) Le Maus, ou Turc, ou Tan.

CHAPITRE XIII.

Chervis (*).

---

383. LE chervis, que d'autres nomment *chi-rouis*, est une plante dont la racine fait le mé-rite : on la mange en hiver, et particulièrement au printemps.

384. Elle fait sa racine droite, très-blanche en dedans, et roussâtre à l'extérieur ; un peu inégale et garnie de petits filamens, longue de six à huit pouces, et de la grosseur du petit doigt ; elle porte une tige branchue, cannelée, remplie de moelle, et qui s'élève à trois pieds environ, la même année qu'on la sème, mais qui porte jusqu'à six pieds l'année d'après. Sa feuille est partagée en trois ou cinq parties, portées sur la même queue, de forme oblongue et pointue, un peu dentelée sur les bords, d'un vert clair et assez lisse, très-approchante de celle du panais, et exhalant de même une odeur, et à peu près semblable. Sa fleur est disposée en parasol, comme le cerfeuil, formée en rose, composée

(*) *Sium Sisarum* : L.

de cinq pétales blancs , portée sur un petit calice
qui se change en un fruit ou une graine oblongue, rayée, aplatie , et de couleur grise.

385. Cette racine étant cuite est fort tendre, et son goût extrêmement sucré, au point
que sa grande douceur déplaît à beaucoup de personnes ; cependant d'autres l'aiment avec passion. Il n'y a presque qu'une façon de la manger, c'est frite en pâte comme les artichauts.

386. Je ne sais à cette plante aucune vertu
pour la médecine.

387. Elle se multiplie de graines qu'on sème
au mois de mars ; elle demande un fonds humide , et meuble en même temps ; dans les terrains
secs ou pierreux, elle vient fourchue, dure et
cordée, sans grosseur. Sa culture consiste à la
sarcler quand elle commence à être un peu forte ;
car, dans sa jeunesse, les insectes qui en son
avides, la détruisent beaucoup moins que lorsqu'elle est entremêlée de mauvaises herbes ; et,
comme elle aime l'eau plus qu'aucune autre
plante, il faut la mouiller souvent, quand on le
peut facilement. Au surplus on la sème à la volée, comme les autres racines , et un peu claire ;
si elle a besoin d'être éclaircie, on le fait en
même temps qu'on la sarcle.

3 88 . Elle monte en graine dès la première année, comme le scorsonère ; mais cela ne lui

onnuit pas. On coupe toute la fane quand elle est
sèche, et on la brûle; car la graine n'en vaut
rien; cependant il n'est que trop ordinaire à
beaucoup de jardiniers de la ramasser, pour la
vendre; et c'est en quoi le public est souvent
trompé. On doit bien connaître celui de qui on
l'achète, quand on ne la recueille pas soi-même.
La bonne graine ne se recueille que sur les pieds
de l'année précédente, qu'on appelle des mères;
elle est mûre en septembre. On la bat et on la
vanne, quand elle a passé quelques jours au soleil après être coupée, et on l'enferme sèchement: elle se conserve bonne deux ou trois ans.

389. Cette racine ne craint rien des gelées,
ainsi il n'y a aucune précaution à prendre; cependant, si on en veut jouir pendant le gros de
l'hiver, on peut en arracher et mettre en serre
la quantité qu'on voudra.

390. Ceux qui vivent dans leur campagne,
peuvent pratiquer une petite économie à cet
égard; c'est de mettre à part les têtes de toutes
celles qu'ils consomment pendant le carême, et de
les enterrer à fleur du cœur. Elles prennent racine et poussent leur tige, qui donne la graine
aussi bonne et en même quantité que les racines entières, qu'on laisse en terre: j'en ai fait
l'expérience plusieurs fois.

CHAPITRE XIV.

Betterave (*).

391. Il y a une ressemblance de forme assez parfaite de la tige et de la feuille de cette plante, avec celle de la bette blanche, que nous nommons poirée, avec cette différence, qu'elle est violette et qu'on n'en fait aucun usage pour la vie: c'est dans sa racine que consiste tout son mérite.

392. Il y en a trois espèces; la grosse rouge, la petite qu'on nomme *Castelnaudari*, et la blanche (43).

393. La grosse, qui est la seule cultivée en ce pays, a sa racine longue et très-grosse, portant jusqu'à 4 pouces de diamètre, sur 12 et plus de

---

(*) *Beta vulgaris* : L.

(43) Les variétés de la betterave généralement cultivées, sont : la grosse rouge ; la petite rouge ; la rouge ronde hâtive ; la blanche, tendre mais peu savoureuse, et la jaune, très-délicate, de laquelle on extrait le sucre dont elle abonde.

longueur, d'un rouge de sang en dehors comme en dedans. Sa feuille est d'un rouge violet, et la côte d'un rouge d'amaranthe, large et plate : c'est à cette couleur qu'on connaît la bonne espèce, qui doit être d'ailleurs peu fournie en feuilles. Celle qui en jette beaucoup, dont la couleur est vive, mêlée de vert, est une espèce dégénérée, dont la racine est ordinairement marbrée, et qui n'a ni la saveur ni la tendreté de l'espèce franche : ceux qui l'ont telle, doivent la réformer.

394. La Castelnaudari est beaucoup plus petite : mais elle dédommage de ce défaut par sa délicatesse et son goût, qui tient de celui de la noisette ; elle a encore l'avantage de pouvoir se manger dès le mois d'août, sans avoir rien de l'âcreté de la grosse, qui n'acquiert d'ailleurs sa perfection qu'à la fin de l'automne, et qui retient toujours quelque chose de ce défaut. Elle est, par ces considérations, beaucoup plus estimée de ceux qui la connaissent ; car elle n'est presque pas connue aux environs de Paris : en quoi on perd. Sa couleur est du même rouge que la grosse ; mais sa feuille est peu différente, étant plus petite, plus ronde, et d'une couleur plus plombée.

395. La blanche est aussi peu connue que la précédente ; on la préfère cependant dans plu-

sieurs provinces, et ses partisans la trouvent
plus tendre et plus délicate : elle me paraît telle
à moi-même, mais je ne lui trouve pas un goût
si décidé.

396. Cette racine est fort saine, et, quoiqu'elle ne soit pas du goût de tout le monde,
beaucoup de gens s'en accommodent. On la mange
en salade avec la mâche ou le céleri, cuite à l'eau
ou au four ou sous la cendre chaude ; cette dernière façon est la meilleure, parce que la cendre
lui communique des sels qui en relèvent le goût.
On la mange aussi avec l'oignon cuit sous la braise, accompagnée de câpres, de capucines,
d'anchois et de cornichons ; et c'est une des
salades d'hiver qui fait le plus de plaisir et d'honneur sur une table bien servie. On l'apprête encore à la poêle, avec l'oignon roussi dans le
beurre ; mais ce ragoût, qui n'est guère connu
qu'à Paris, a fort peu de partisans ailleurs.

397. Sa feuille a les mêmes propriétés, dans
la médecine, que la poirée ; et, au défaut de celle-
ci, on pourrait s'en servir aux mêmes usages que
je marque à son article ; mais sa couleur trop
marquante fait qu'elle n'est guère employée. La
racine pilée avec du beurre frais, et bien in-
corporée l'une avec l'autre, est admirable contre
les inflammations des hémorroïdes.

398. Cette racine demande une bonne terre

meuble et labourée profondément , sans quoi elle
fourche et ne fait aucun profit. On la sème à la fin
d'avril dans les terres froides : ceux qui la sème-
ront plus tô t la verront souvent monter.

399. On peut la semer en planches ou en
bordure ; mais cette dernière situation lui convient mieux , parce qu'elle a plus d'air. On
l'éclaircit aussitôt qu'elle a pris cinq à six feuilles , et on laisse un grand pied de distance de
l'une à l'autre ; on la sarcle et on la mouille
quelquefois de manière que l'eau pénètre jusqu'au bout de la racine : elle ne demande pas
d'autre façon.

400. Il y a des gens qui replantent celles
qu'ils arrachent, en éclaircissant la semence ;
mais je n'ai jamais vu qu'elles aient bien réussi.

401. On les tire de terre vers la fin d'octobre :
on ôte toute la fane, qu'on tord avec les mains ;
on les nettoie le plus qu'on peut, on les lave
même, si la terre y est trop fortement attachée ;
on les laisse ensuite à l'air pendant un jour pour
se ressuyer, et on les enferme après dans la serre, sans y mêler ni terre, ni sable. Toutes ces
précautions sont nécessaires, sans quoi elles sont
sujettes à pourrir ou à pousser du cœur , ce qui
les rend cordées et mauvaises. On doit bien
prendre garde encore que la gelée ne les sur-
prenne ni en terre, ni dans la serre ; car elles

n'en reviennent pas comme d'autres racines. Rangées et soignées comme je viens de le dire, elles se conservent tout l'hiver, et fournissent même une ressource agréable pour les salades d'hiver, dans les petites feuilles qu'elles poussent du cœur, dont la couleur vive, qui tranche avec le blanc, réjouit les yeux.

402. On en replante quelques-unes à la fin de février ou en mars, pour monter en graine, qui se forme tout de même que celles de la poirée, et qui lui ressemble si parfaitement, qu'on ne saurait presque les distinguer ; cependant la couleur est un peu plus grise. Il faut pratiquer, à l'égard de celle-ci, les mêmes choses qu'on trouveras expliquées dans le chapitre de la poirée. Elles se conservent bonnes deux ans et plus.

CHAPITRE XV.

Panais (*).

403. LE panais, qu'on nomme autrement *Pastenade*, est une plante dont tout le mérite consiste dans la racine.

(*) *Pastinaca Oleracea : L.*

404. Il y en a trois espèces, le Long, le Rond et le Panais de Siam (44).

405. Le panais long fait sa racine très-longue, et presqu'égale en grosseur dans toute sa longueur, blanche en dedans comme en dehors, inégale et raboteuse à l'extérieur, garnie ordinairement de quelques filamens ou petites racines, exhalant une odeur forte et douceâtre. Ses feuilles sont découpées profondément, dentelées sur les bords, et précédées d'une queue fort longue où elles tiennent, ronde, cannelée légèrement, d'un vert clair et lustré, sans aucun duvet. Les parties qui les composent sont placées de deux en deux, au nombre de dix à douze, opposées les unes aux autres, et terminées par une impaire ; sa tige est fort grosse, cannelée profondément et branchue, rougissant un peu d'un côté. A l'extrémité des rameaux est un parasol très-grand, composé de petites fleurs en rose à cinq pétales égaux de couleur jaune, surmontées de quelques étamines, dont le calice se change en un fruit ovale et applati, de couleur cannelle, qui s'éclaircit sur les bords.

406. La seconde espèce, qu'on appelle *pa-*

---

(44) On cultive en outre le panais de Hollande : c'est une grosse variété fort bonne.

nais rond ou *panais à la royale*, est conformé également quant aux feuilles, tiges, fleurs et fruits; mais la racine est plus grosse et plus courte, assez ressemblante à un navet rond.

407. La troisième espèce, qu'on nomme *panais de Siam* ou *panais bâtard*, ne diffère de même que par sa racine, qui tient le milieu entre les deux autres, n'étant ni aussi longue que la première ni aussi courte que la seconde, mais beaucoup plus enflée du côté de la tête que dans le surplus de sa longueur: sa chair est aussi un peu plus jaunâtre.

408. La culture de cette plante n'a rien de différent de celle de la carotte. On la sème également en deux saisons: ce que j'ai dit pour l'une servira pour l'autre, la répétition n'instruirait pas mieux.

409. Toutes les trois espèces sont fort bonnes; cependant on estime plus le panais de Siam, dont la peau est plus fine, la chair plus tendre et plus moelleuse: au reste, le terrain doit entrer pour beaucoup dans le choix, comme je l'ai observé pour la carotte.

410. On l'emploie de même pour les soupes et pour les jus; mais il n'est pas ordinaire de le manger fricassé, ni en ragoût avec les viandes: son goût douceâtre plaît bien à quelques-uns, mais non au plus grand nombre. On prendra garde qu'il y a une espèce de nerf dans le cœur

...lle la racine, qu'il faut ôter en la coupant, étant
...désagréable pour ceux qui en mangent.

411. Elle est de peu d'usage dans la médecine ; cependant sa semence, qui est carminative
...et diurétique, s'emploie à la même dose que l'a-
...nis, avec toutes les autres semences chaudes mi-
...neures, dont on se sert pour dissiper les vents
...et les vapeurs, pour apaiser la colique et pour
...arrêter le cours de ventre : mais, quoiqu'elle soit
...reconnue bonne, on se sert par préférence de
...sa graine de panais sauvage.

412. Cette racine ne craint rien des gelées ;
...ainsi il n'en faut enfermer dans la serre que ce
...qu'on peut consommer pendant la grande rigueur
...de l'hiver ; mais au mois de mars il faut en arra-
...cher la quantité dont on a besoin pour donner
...de la graine, et les replanter tout de suite comme
...ses carottes, à un pied ou dix-huit pouces de dis-
...tance : il est entendu qu'on doit choisir les plus
...belles. Lorsqu'ensuite au mois de juillet les ti-
...ges sont à peu près à leur hauteur, on fait très-
...bien de les soutenir avec des échalas auxquels on
...les lie, sans quoi le vent les renverse et les rui-
...ne. La graine mûrit à la fin d'août, et n'est bon-
...ne que pendant le cours de la première année,
...je veux dire, pour les deux semences de mars et
...de septembre.

CHAPITRE XVI.

Rave (*) et Radis (**).

413. COMME la rave et le radis sont deux
plantes qui se ressemblent assez et pour le goût
et pour la forme, je les traiterai ensemble dans
cet article.

414. La rave, qu'on appelle avec plus de raison *Raifort* dans la plupart des provinces, est
la racine ou le navet d'une plante qui porte le
même nom ; ce navet est plus ou moins long et
gros, suivant l'espèce, uni, droit et rouge en
plus grande partie à l'extérieur. Sa chair est
blanche, ferme, cassante, aqueuse et piquante
au goût, sans nulle odeur ; sa feuille est allongée, découpée profondément, d'un gros vert,
rude et velue. Du centre de ses feuilles, qui sont
plus ou moins nombreuses, suivant l'espèce, il
sort une tige de la grosseur du doigt, creuse,
cannelée, rougeâtre et branchue, qui s'élève à
trois pieds environ ; les extrémités de ses rameaux

(*) *Raphanus sativus oblongus* : L.

(**) *Raphanus sativus rotundus* : L.

asont garnies dans toute leur étendue de fleurs placées alternativement; Ses fleurs sont disposées à quatre pétales de couleur blanche ou rougeâtre, appuyées sur un calice allongé, dans le milieu duquel s'élève un pistil qui se change en une silique courte et enflée, ronde inégalement, et pointue, qui renferme cinq ou six graines rondes, de la grosseur d'un grain de plomb à lièvre, qui sont d'abord vertes, et qui deviennent cannelle en mûrissant.

415. Il y a trois espèces de raves bien distinctes, sans parler de plusieurs espèces dégénérées: la plus petite est celle qu'on nomme la hâtive, ou la rave à quatre feuilles; la seconde s'appelle la commune, et l'autre la grosse.

416. Elles se ressemblent toutes par le feuillage, la tige, la fleur et la graine; mais elles diffèrent par la forme du navet, par la couleur et par le goût: elles ont aussi chacune leur saison propre.

417. La hâtive est fort menue, d'un beau rouge, fort tendre et fort douce, peu fournie en feuilles.

418. La commune est plus grosse du double, également rouge, mais un peu moins tendre; elle pousse beaucoup de feuilles avant de faire son navet.

419. La grosse est en partie blanche et en

partie rouge, de la grosseur du pouce, et d'un goût plus piquant que les précédentes.

420. La hâtive est la plus estimée, quoique la moins profitable, parce qu'elle vient la première, et qu'on réussit à la faire venir contre toutes les injures de la mauvaise saison.

421. La commune a l'avantage de la grosseur, et de réussir parfaitement en pleine terre, soit au printemps, soit dans l'automne; il est vrai cependant qu'il y a des terrains où on ne peut pas l'élever au printemps, à moins que les terres ne soient extrêmement terreautées.

422. La grosse n'a ni la délicatesse, ni la douceur des deux autres; mais, outre qu'elle est plus profitable, elle vient assez bien pendant les mois de chaleur: avantage que n'ont pas les autres (45).

423. Cette plante qui n'est bonne qu'à être mangée crue avec le sel, a ses bonnes et mauvaises qualités: ce qui la fait aimer des uns et haïr des autres.

424. Ses bonnes qualités sont d'être agréables au goût, de réveiller l'appétit, et de fournir abondamment presque toute l'année, pourvu qu'on lui donne tous les soins convenables.

---

(45). Variétés : rave de Corail ou rouge longue; petite rave hâtive ; R. rose ou saumonnée ; R. blanche; R. tortillée du Mans.

425. Ses mauvaises qualités sont d'être diffi-
» cile à digérer, et contraire aux estomacs faibles:
» elle a aussi le défaut de donner des rapports pen-
» dant toute la journée quand on en a mangé; ce
» qui est insupportable à beaucoup de personnes.

426. Cependant c'est un légume dont, géné-
» ralement parlant, tout le monde est empressé,
» surtout au printemps, et dont il se fait une con-
» sommation immense, tant à Paris que dans les
» Provinces; elle fait aussi un grand objet de la
» culture de nos maraîchers pendant l'hiver et le
» printemps.

427. Elle a quelques vertus dans la médecine,
» que je ne dois pas taire: on l'emploie quand elle
» est cuite, aux mêmes usages que les navets; elle
» est bonne particulièrement pour les maladies des
» reins et de la vessie, causées par des glaires ou
» du gravier: on en tire le suc dont on prend le
» matin trois ou quatre onces avec une demi-once
» de miel, ce qui se continue pendant trois ou
» quatre jours. Son eau distillée entre aussi jus-
» qu'à quatre onces dans les potions apéritives;
» mais il ne faut pas en donner à ceux qui ont la
» pierre, car cette eau charie trop les sels urineux
» dans la vessie. La racine écrasée et appliquée sur
» la plante des pieds, est bonne dans les fièvres
» malignes, de même que dans l'hydropisie. Quel-
» ques-uns prétendent que le fréquent usage de

10*

cette plante est contraire à la vue ; ceux qui s'aperçoivent de ce mauvais effet , doivent s'en abstenir.

428. Je passe à sa culture (j'entends de la hâtive). Pour l'avoir dans le degré de perfection qu'on lui demande, c'est-à-dire, pour qu'elle soit tendre , douce et cassante , unie , droite et bien rouge, il n'y a que la couche qui puisse la rendre telle, et c'est aussi de ce côté-là que nos maraîchers tournent tous leurs soins : ils préparent leurs premières couches de la fin d'octobre , pour celles qui doivent commencer l'année, au mois de janvier suivant; ils donnent à ces premières couches deux pieds seulement de hauteur , et les chargent de huit à neuf pouces de terreau ; ils leur laissent perdre presque toute leur chaleur avant que de semer , en sorte qu'elle ne soit plus que tiède ; car la rave vient couverte de petits filamens, quand elle est plus chaude que je ne dis, et c'est un grand défaut.

429. Pour la distribution de la semence , voici leur méthode: les uns, après avoir marqué la place de leurs cloches sur le terreau , font des trous avec le doigt dans toute la place, à deux pouces de distance en tous sens, et jettent trois graines dans chaque trou , où ils font couler un peu de terreau avec le doigt pour les couvrir simplement ; s'il en échappe davantage , i's les arra-

… après qu'elles sont levées, et chaussent en même temps celles qui doivent rester ; d'autres, pour avoir plus tôt fait, la sèment à la volée, remuent le terreau pour l'enterrer ; et, quand elle est levée, ils arrachent ce qu'il y a de trop. La première façon est la meilleure ; le navet vient plus long et plus droit.

430. Au reste, les uns et les autres laissent les couches à l'air jusqu'à ce que toute la graine soit levée ; et pour lors ils mettent les cloches pendant les nuits seulement et les jours fâcheux, laissant toujours le plant découvert autant que le temps le permet.

431. S'il survient des gelées, ils couvrent les cloches avec de la litière : quand on a des paillassons, la sûreté est encore plus grande ; ils sont particulièrement nécessaires dans les temps de pluie qui les font rouiller, bien entendu qu'on les place de manière que les eaux s'écoulent dans les sentiers.

432. Ces raves de la première semence sont ordinairement bonnes en janvier, pourvu qu'elles aient été bien soignées et réchauffées à propos, et que la saison n'ait pas été excessivement rude et contraire.

433. Au mois de décembre, ils en sèment pour la seconde fois, pour succéder aux premières ; et celles-ci sont les plus difficiles à élever

de toute l'année, car elles n'ont que de mauvais
jours. à passer. Cependant à force de soins, ils
parviennent à les conserver; mais elles demandent la couche plus forte, et beaucoup plus de
couvertures et de réchauffemens que les premières: il leur faut aussi un temps propre, l'extrême rigueur ou la trop grande douceur leur
étant également contraires. Nous avons remarqué
(en 1746) que le mois de janvier et le commencement de février s'étant passés sans aucun
froid, la rave s'épuisa en feuilles, et ne fit point
de navets ; la plupart des maraîchers furent obli-
gés de retourner leurs couches sans en avoir
tiré aucun profit ; mais, comme ces cas n'arrivent pas souvent, on fait toujours cette seconde
semence en décembre, et la rave se trouve bonne
pour l'ordinaire en février ou au commencement
de mars.

434. Ce que je viens de dire forme un con-
traste apparent avec ce qui est arrivé dans ce dernier hiver (1748), où nous avons vu assez
communément des raves, dans les mois de janvier et de février qui ont été aussi doux que le
plus beau printemps, à deux jours de gelées près;
mais si on avait bien remarqué le temps, on aurait observé que le soleil s'est montré bien plus
fréquemment dans cette dernière époque de
temps, que dans la première dont j'ai parlé

plus haut , et il ne faut pas douter que ce ne soit l'influence de cet astre qui ait produit cet effet contraire à l'autre.

435. On ne saurait donc être trop attentif à profiter des moindres rayons de soleil pour en faire jouir cette plante, et, à son défaut, il faut au moins lui donner de l'air tant qu'on peut; car, pour peu qu'elle demeure étouffée sous les couvertures , elle s'étiole sans faire de navet, ou elle périt, ce qui revient au même.

436. La troisième semence se fait en janvier, et il faut la couvrir avec les cloches aussitôt qu'on l'a mise en terre, pour conserver la chaleur : les couches doivent être encore plus fortes que dans le mois précédent, et soignées de la même manière.

437. On en sème pour la quatrième fois au commencement de février , et pour lors on se dispense des cloches , la saison devenant plus favorable: on diminue aussi le volume de la couche, et on la sème en plein. On espace la semence de deux ou trois pouces, comme je l'ai expliqué ci-dessus ; et, si l'on veut donner un air de propreté à la couche, après qu'elle est bien dressée, on tend un cordeau de bout en bout qu'on frotte avec de la chaux, et cette chaux, appliquée sur le terreau dans les distances qu'on juge à propos, forme des lignes droites pour ré-

gler les trous qu'on fait. On les fait avec le doigt, comme je l'ai dit, ou avec un petit plantoir de même grosseur, coupé diamétralement, pour que les trois grains qu'on y jette, en tombant au fond, puissent s'écarter les uns des autres : on couvre ensuite la couche avec des paillassons, ou de la grande litière, jusqu'à ce que la graine commence à lever. Pour lors on retire la couverture, et on bâtit un petit treillage sur les deux bords de la couche, à six pouces en dedans et quatre pouces d'élévation, sur lequel on pose des paillassons pendant les nuits, et les jours de mauvais temps : on les charge encore de litière sèche, si le froid est rigoureux, en bouchant les côtés avec une bonne épaisseur de litière.

438. Lorsque, malgré toutes ces précautions, la gelée a pénétré, et que la rave est attaquée, on doit bien se garder de la découvrir pendant le soleil, ce qui la perdrait, il faut la laisser dégeler peu à peu sous la couverture, en retirant simplement la litière qui formait les côtés, afin que l'air puisse y passer : mais si le temps est adouci sans que le soleil paraisse, il faut mettre tout à l'air.

43g. La rave de cette semence est ordinairement bonne à la fin de mars, ou au commencement d'avril, et c'est la meilleure qui se mange ; car celles qui ont précédé, ayant beaucoup souffert, n'ont pas à beaucoup près la même tendreté, ni le même goût ; et celles qui suivent commencent à devenir trop fortes.

440. Cependant on continue en mars d'en semer, qui sont bonnes en mai ; mais, passé ce mois, on n'en sème plus guère sur couche : on les mêle dans d'autres semences, quand la terre s'y trouve propre, et on sème de cette manière jusqu'au commencement de mai, pour les manger en juin ; et c'est de l'espèce commune qu'on se sert, étant plus belle et plus profitable. Ce terme passé, on s'en trouve assez communément las, et on n'en sème plus. Cependant ceux qui les aiment à ne pouvoir s'en ennuyer, peuvent continuer d'en semer : mais, comme au plein soleil elles viendraient trop piquantes, il faut les placer à l'ombre, le long de quelque mur exposé au nord, où on aura fait porter au pied du terreau, pour substituer à la même quantité de terre qu'on aura ôtée ; car la terre les rend dures et cordées dans cette saison. Si on n'a pas de mur disposé convenablement, on peut faire un abri avec des paillassons de cinq à six pieds de hauteur, et les semer derrière, en les arrosant exactement tous les jours, et observant de remplir la place de terreau.

441. Jusqu'en septembre, il n'y a plus que des gens déterminés à ne vouloir pas s'en passer,

qui élèvent de ces deux premières espèces de raves ; mais on peut semer un peu de la grosse , qui ne durcit pas tant, pourvu néanmoins qu'elle soit journellement arrosée.

442. Le mois de septembre arrivé, on recommence d'en semer à force en pleine terre, où elles sont meilleures que sur couche ; et c'est toujours l'espèce commune qu'il faut préférer : on les sème fort clair , elles en sont plus rouges et meilleures ; on en mêle alors dans les semences d'épinards et de mâche , dans les chicorées , etc. ; quelque part enfin qu'on les mette, elles font bien.

443. On continue en octobre , mais celles-ci demandent plus d'attention, car les gelées qui commencent dans ce mois, venant à les surprendre, les font périr. Il faut les semer en planche à quelque abri exposé au soleil, et les couvrir de paillassons ou de pleyons pendant les mauvais temps, et surtout pendant les nuits : il est encore plus sûr de les semer sur de vieilles couches, ou sur des adós de terreau, où elles sont moins sujettes à rouiller que dans la terre, et sont toujours plus douces à manger ; elles ne sont pas tant exposées non plus à être rongées des insectes. Si elles sont bien soignées, elles fournissent jusqu'au premier de janvier, en se succédant ; mais elles perdent beaucoup de leur goût dans cette dernière saison ; et si la moindre

gelée les a surprises, elles n'en ont point du tout.
L'année se trouve finie là, et on recommence en
novembre, comme il a été dit d'abord.

444. Pour en recueillir la graine, on en replante au mois de mars ou d'avril une planche,
plus ou moins, des premières qui ont été élevées
sur couche, et on choisit les plus rouges et les
plus unies, on les espace à un bon pied l'une de
l'autre, et on les arrose tout de suite, ce qu'il
faut continuer jusqu'à ce qu'elles soient bien re-
prises. On les abandonne ensuite, et quand elles
commencent à faire leur montant, on les lie à
des échalas ou à des lattes courantes qu'on place
entre les rangs : beaucoup de gens les laissent en
liberté pour s'épargner tous soins ; mais fort souvent les vents et les pluies d'orage les cassent et les
couchent sur terre, où la graine pourrit en plus
grande partie. Plus cette graine est aérée et frap-
pée du soleil, meilleure elle est. Les oiseaux lui
font une cruelle guerre aux approches de sa maturité ; il faut s'en défendre le mieux qu'on peut.
Lorsqu'enfin dans le courant d'août les siliques
sont jaunes en plus grande partie, on arrache
les pieds, et on les laisse encore pendant quelques jours exposés au soleil, après quoi on les
lie par paquets, et on les attache au plancher,
dans quelque lieu sec où les souris ne puissent
pas aborder ; car cette graine demande de de-

meurer dans ses siliques le plus long temps qu'on peut l'y garder: elle s'y conserve beaucoup mieux: Pour ma règle, j'ai fait l'expérience d'en faire battre et vanner aussitôt recueillie, et d'en semer au printemps suivant sur la même couche où j'en semai d'autre que je venais de faire battre. La production se trouva toute différente: la nouvelle battue fit son navet plus gros, plus uni et plus coloré. Cette graine se conserve bonne dix ans et plus, si on la laisse dans ses siliques.

445. Le radis dont il me reste à traiter, est semblable en beaucoup de choses à la rave; mais il diffère en plusieurs autres: sa feuille est plus large, plus renversée sur terre, et moins découpée; son navet est tout-à-fait différent, et sa chair plus ferme. (46)

446. Il y en a huit espèces fort distinctes, sans parler de quelques autres dégénérées de celles-ci: ces huit espèces sont le petit radis blanc et rond de tous les mois; le blanc et long; le gris et long; le noir d'été, long; de la grande espèce; le gros noir d'hiver; le blanc d'hiver; d'Italie.

---

(46) Variétés: radis blanc hâtif; R. blanc ordinaire; R. rose ou saumonné; petit rouge; petit violet; R. petit gris; R. jaune; gros radis blanc d'Augsbourg.

447. Le petit radis de tous les mois est blanc et rond, terminé par une queue déliée, de la grosseur d'une petite noix ; il est fort hâtif, et c'est celui qu'on sème sur couche, de même que la rave hâtive : on l'élève de la même manière ; ainsi, ce que j'ai dit pour l'un servira pour l'autre. Il est tendre et délicat, doux et aqueux ; beaucoup de gens le préférent à la rave, ayant un goût plus décidé. On peut aussi le semer sur terre à la fin de février, mais il n'y vient pas si délicat, à moins de terreauter la terre et de l'entretenir toujours bien fraîche.

448. Le petit radis blanc est long d'un goût assez semblable au précédent ; mais il est moins tendre et un peu plus piquant ; il est moins hâtif aussi : sa grosseur est comme celle du doigt, et sa peau ainsi que sa chair d'un fort beau blanc. On le sème également sur couche et sur terre, et il a l'avantage de venir bon toute l'année, pourvu qu'il soit exactement mouillé dans les mois de chaleur.

449. Le petit radis gris est de la même grosseur du precédent, mais il a moins d'eau, et par cette raison le goût plus relevé : sa peau est grise, sa chair blanche, et sa forme médiocrement allongée. On le sème sur terre, comme le précédent, pendant tout l'été, en y apportant les mêmes soins.

45o. Le petit radis noir d'été est encore de la même grosseur, mais sa forme est plus allongée et sa chair plus dure et plus sèche : il a un goût de noisette qui l'emporte sur tous les autres, et qui lui donne préférence sur eux quand il est connu. La difficulté est de trouver de la véritable graine, qui est fort rare ; sa peau est tout-à-fait noire.

45ı. Le radis de la grande espèce est d'une forme très allongée, de la grosseur d'un petit œuf ; sa peau est très blanche, de même que sa chair : il est tendre et plein d'eau, assez doux, mais peu relevé en goût, et sujet à être véreux ; il se corde aussi, s'il n'est pas exactemen mouillé, et il ne réussit pas pendant l'été ; mais dans l'automne il est fort bon, et c'est le plus profitable par sa grosseur : il demande une terre fort légère.

452. Le gros radis noir, autrement nommé le radis de Strasbourg, est une espèce tout-à-fait différente des autres ; son navet est noir, gros comme le poignet, et allonge à proportion. Il se conserve bon tout l'hiver, étant semé au mois de juin, et fréquemment arrosé: si on le sème plus tôt, il monte. Sa chair est dure et sèche, et son goût extraordinairement piquant ; il a d'ailleurs le défaut d'être très-indigeste ; cependant il a ses partisans, et il fait plaisir à ceux qui ne

pouvant pas élever pendant l'hiver les autres espèces de raves et radis, trouvent celui-là dans
leur serre pendant toute cette saison ; c'est le
mérite le plus réel que je lui connaisse. Il faut
l'arracher avant les gelées, et l'enterrer dans du
sable, ou le mettre près à près dans une tranchée, et le couvrir pendant les gelées.

453. Le gros radis blanc ne diffère du précédent, que par sa couleur extérieure qui est d'un
blanc sale, et par son goût qui est plus doux : la
ressemblance est parfaite en tout le reste ; on
prétend même que c'est une dégénération de l'espèce noire.

454. Le radis d'Italie, qui est le *Ravanelilo*
des Italiens, si goûté et si chéri chez eux, a véritablement des qualités supérieures : il ne
réussit pas aussi parfaitement ici ; cependant,
quand on a de la graine d'Italie, il vient assez
bon pour effacer tous les autres. Sa longueur est
communément de six à huit pouces, la grosseur d'un
bon pouce et sa couleur extérieure d'un blanc écla-
tant avec quelques ombres rouges du côté de la tête ;
il s'en trouve aussi de tout blancs : sa chair est trans-
parente, extrêmement douce, tendre et cassante,
avec beaucoup d'eau : Il demande une terre bien
meuble et bien terreautée, et beaucoup d'arrosemens : on le sème depuis le printemps jusqu'à
l'automne, avec l'attention de le placer à l'ombre

dans les mois de chaleur ; c'est une espèce dont tout le monde doit être empressé.

455. Toutes ces espèces se multiplient de graine comme la rave, et on la recueille de la même manière : elle est plus rouge et plus petite ; c'est la seule différence qui s'y trouve. On la conserve le même temps, en y apportant les mêmes précautions, que je ne répète pas. On observera seulement, à l'égard des deux gros radis d'hiver, que la graine est meilleure sur le fruit qui a passé l'hiver et qu'on replante au mois de mars, que sur celui des semences qu'on pourrait faire au printemps : elle se nourrit davantage, et mûrit plus sûrement. A l'égard des autres, on replante les fruits les premiers venus, comme je l'ai expliqué pour la rave.

456. On l'emploie dans la médecine aux mêmes usages qu'on emploie la sauge. (47)

---

(47) Voyez l'article 1444.

CHAPITRE XVII.

Cran (*).

457. CETTE plante, qu'on appelle d'un autre nom *le grand raifort* ou *le raifort sauvage*, est vivace.

458. Sa racine est longue et grosse, rampante, blanche, d'un goût piquant et brûlant ; ses feuilles sont longues de quinze à dix-huit pouces, larges à proportion, pointues, d'un beau vert lustré, un peu cloquetées, rudes et dentelées sur les bords ; quelquefois elle porte une tige, et souvent elle n'en porte point. Cette tige s'élève à un pied et demi ou deux pieds ; elle est droite, ferme, cannelée, creuse, et porte de petites fleurs blanches à quatre pétales, disposées en croix, auxquelles succèdent de petits fruits presque ronds, qui renferment la semence.

459. Sa racine, qui est la seule partie dont on fasse usage, réveille l'appétit, et on la mange avec la viande en place de moutarde : étant râpée fraî-

(*) *Raphanus sativus : L.*

chement, son goût est presque le même ; et c'est pour cela qu'on l'appelle *la moutarde des Allemands*. On la mange également avec le beurre frais, dont on fait des tartines ; c'est le déjeuner ordinaire des Flamands. On comprend de là, qu'il ne faut en arracher qu'à mesure qu'on en a besoin, et c'est une ressource utile dans les campagnes éloignées, où on n'a pas toujours de la moutarde sous sa main ; je dis utile pour ceux à qui les viandes naturelles ne piquent pas assez le goût.

460. Ses vertus pour la médecine sont d'être stomacale, pectorale et anti-scorbutique : on la coupe par rouelles, et on la fait infuser pendant douze heures dans une décoction d'orge, ou bien on la fait bouillir pour en faire une tisane ; la dose est d'une once sur une pinte d'eau. Les scorbutiques s'en trouvent fort soulagés, et c'est un des plus grands remèdes contre ce mal. On fait boire aussi aux phthisiques le lait où cette racine a bouilli, et aux hydropiques le vin blanc où elle a infusé ; les asthmatiques en reçoivent aussi du soulagement, et elle a de plus la vertu de pousser les urines.

461. Cette plante croît naturellement au bord des ruisseaux, des rivières, des étangs, et dans les prairies humides. On la cultive aussi dans les jardins, et ses vertus lui font bien mériter d'y

s avoir place. Quelques-uns prétendent qu'il y en
a deux espèces l'une plus grande que l'autre ;
mais, après y avoir donné assez d'attention, je
n'attribue la prétendue différence qu'à la qualité
de terre plus ou moins grasse, qui rend la plante
plus ou moins forte.

462. Elle se multiplie de trois manières : ou
de graines qu'on sème au printemps, ou de ses
rejetons qu'on sépare de vieux pieds, ou de son
pied même qu'on coupe par rouelles, à l'épaisseur de trois lignes, et qu'on remet dans terre ;
mais cela se doit faire en même temps qu'on arrache le pied, et dans une saison où la sève soit
en action : chaque rouelle fait une racine qui
forme un pied tout comme les rejetons. La plupart des racines coupées de même, produisent
le même effet ; c'est une expérience qu'il est facile
de faire, et qui prouve qu'une même plante contient beaucoup de germes dans sa substance, aussi
bien que dans sa semence.

463. Il faut la renouveler tous les ans, pour
en avoir toujours qui se succède dans le degré
de bonté qu'elle doit avoir ; car sa racine devient
dure et cordée dès la troisième année ; en sorte
qu'elle n'est parfaitement bonne que pendant le
courant de la seconde (j'entends pour l'usage de
la vie), ayant besoin de la première pour se former.

464. Sa culture n'a rien de particulier ; il faut observer seulement de la placer dans la terre la plus fraîche qu'on ait, et dans une situation un peu ombragée.

CHAPITRE XVIII.

Chou (*).

465. Le chou est, de toutes les plantes potagères, la plus rustique et la plus facile à élever, à l'exception du chou-fleur qui demande de grands soins ; c'est aussi une de celles qui fait le plus de profit dans les ménages de campagne.

466. Sa tige, sa feuille, sa grosseur, sa forme et sa couleur, varient considérablement suivant les espèces ; on ne saurait par conséquent en faire une description en général ; je la ferai de chacune en particulier, à mesure que je caractériserai leurs qualités et leur culture.

467. Elles se multiplient toutes de graine qui est ronde et menue, brune ou rougeâtre, suivant l'espèce ; cette graine se recueille sur les pieds qu'on a conservés pendant l'hiver, et qu'on re-

(*) *Brassica oleracea :* L.

plante au printemps, ou sur ceux qui peuvent résister en pleine terre pendant cette saison. Les têtes qui s'ouvrent et auxquelles on aide au besoin en les fendant en croix, poussent une tige garnie de beaucoup de rameaux chargés de fleurs dans toute leur longueur ; ces fleurs sont disposées en trois à quatre pétales jaunes ou blancs, suivant l'espèce ; le calice est partagé en quatre parties, d'où il sort un pistil qui se change en une silique longue, menue et cylindrique, divisée en deux loges par une cloison mitoyenne, garnie des deux côtés de petites fossettes remplies de graines. On coupe les pieds dès que les premières siliques commencent à s'ouvrir, et on les laisse debout exposés au soleil ou étendus sur un drap, jusqu'à ce que toutes les tiges soient sèches, et que la graine se détache presque d'elle-même ; cette graine bien sèche et bien aoûtée se conserve bonne huit ou dix ans.

468. Les usages qu'on fait du chou dans la cuisine, sont familiers et journaliers ; on le mange à la soupe, et apprêté, soit au beurre, soit à la graisse, soit avec le petit salé : j'entends certaines espèces, telles que les choux pommés et les choux de Milan. On le mange de même en ragoût avec le pigeon, les queues de mouton et autres viandes ; on le farcit, on le cuit à la broche, on le mange confit : c'est un des légumes enfin qui s'allie le

mieux avec les viandes, et dont il se fait le plus de
consommation en tout pays.

469. On est peu d'accord sur ses bonnes et sur
ses mauvaises qualités ; le goût plaît au plus grand
nombre, c'est ce qu'on peut dire de plus certain.
Les Romains en faisaient si grand cas, qu'il a
été pendant cinq à six cents ans, non-seulement
leur mets favori, mais aussi le remède à tous leurs
maux ; et on l'appelait la médecine du grand
Caton, parce qu'il avait préservé sa famille de
la peste. Nous apprenons même, par Pline, que
Chrysippe, Dieuctres, Pythagore et Caton,
avaient composé des volumes entiers sur le mérite
de ce légume ; il est vrai que la connaissance des
plantes n'était pas aussi étendue alors qu'elle l'est
aujourd'hui ; peut-être aussi que leur peu d'émulation pour la culture des jardins, les attachait à
celle-là qu'ils voyaient croître presque sans
soin, au défaut d'autres meilleures qu'ils ne con-
naissaient pas, ou qu'ils ne savaient pas élever.
Quoi qu'il en soit, cette plante n'est pas regardée
sur notre horizon comme bien saine ; et le préjugé est tel au contraire, qu'on est en usage dans
la plupart des cuisines, de faire bouillir les choux
dans une première eau, pour leur faire jeter leur
suc prétendu vicieux, avant de les mettre dans le
bouillon ou autrement ; et si on en juge par
l'odeur qu'exhale l'eau et la plante même, lors-

qu'elle commence à se corrompre, on ne saurait qu'être prévenu contre elle. Toute espèce de chou est du moins reconnue, par la plus grande partie des médecins, pour être venteuse et indigeste ; ils prétendent d'ailleurs qu'il nourrit peu, et qu'il produit des sucs grossiers et propres à former une bile noire ; ce qui leur paraît démontré par les rots puants et désagréables qu'il excite. Ils assurent le plus qu'il distend l'estomac, porte des fumées à la tête, émousse l'esprit et trouble le sommeil ; cependant la nature des tempéramens et l'habitude décident ordinairement de son bon et mauvais effet. Beaucoup de nations, telles que les Allemands et les Hollandais, s'en nourrissent la meilleure partie de l'année, et n'en éprouvent aucune incommodité ; d'autres ne sauraient en manger qu'ils n'en souffrent : chacun doit se connaître, et agir en conséquence. J'observerai néanmoins sur cela que, dans le grand nombre d'espèces que nous avons, il s'en trouve de plus sains les uns que les autres : le climat et le terrain peuvent aussi influer sur leur qualité ; l'effet qu'on en ressent doit déterminer le choix.

470. Outre ses propriétés pour l'usage de l'homme, il sert encore de nourriture à différens animaux ; cuit et mêlé avec le son, il engraisse les cochons ; on le donne aussi aux vaches, aux lapins privés et à la volaille, quand il est cuit ,

particulièrement aux canards et aux poulets
d'Inde.

471. Ses vertus dans la médecine sont aussi
équivoques que la question s'il est sain ou non ;
j'en excepte pourtant le chou rouge, dont je
parlerai séparément ; les uns prétendent qu'il
relâche, et d'autres qu'il resserre, parce
qu'ils distinguent son suc nitreux ammoniacal,
qui produit le premier effet, d'avec la substance
terreuse et astringente qui opère le second : quelques-uns assurent que son suc, pris en breuvage,
est bon contre la morsure des vipères, et que sa
feuille soulage des douleurs de la goutte, étant
appliquée sur les pieds ; d'autres prétendent qu'il
arrête les tremblemens des membres, et que son
fréquent usage est favorable à la vue.

472. Un auteur estimé assure avoir vu une femme dont les mains étaient couvertes de verrues, qui
se dissipèrent en quatorze jours, en les frottant fréquemment avec le suc d'un chou, qu'elle laissait
sécher dessus sans les essuyer ; un autre rapporte
que les feuilles cuites dans du vin, sont souve-
raines pour les ulcères et la lèpre ; un autre enfin,
grand partisan de cette plante, prétend que les
urines de ceux qui en mangent habituellement
guérissent les fistules, les cancers, les dartres,
et autres maladies de cette espèce ; mais tout cela
n'est pas établi bien solidement ; et nous avons

assez d'autres plantes, sur la vertu desquelles on peut mieux compter dans ces sortes de cas. Je n'ai trouvé d'unanimité de sentimens que dans la propriété de sa graine, qui, étant concassée et prise dans un bouillon, augmente le lait des nourrices, et fait mourir les vers. Quoi qu'il en soit, il n'y a aucun risque à éprouver ses prétendues vertus au besoin, surtout quand on se trouve dépourvu d'autres remèdes, ou qu'ils n'ont pas eu l'effet désiré.

472. On prétend qu'il y a plus de cinquante espèces différentes de choux; mais je crois que la plupart sont dégénérées des véritables, et que la différence des climats et des terrains peut aussi occasionner en partie les changemens qu'on y aperçoit : je ne veux pas dire cependant qu'il ne puisse y avoir dans les climats éloignés de nous, quelque espèce particulière qui ne nous soit pas connue ; mais de tout ce qui est venu jusqu'à nous, je ne connais d'espèces bien distinctes et bonnes, que celles que je qualifierai ci-après.

473. Je dirai d'abord quelque chose de leur culture en général, me réservant de dire ce qui est propre à chacune en particulier, en en donnant la description. On les sème en différentes saisons, et cela sera expliqué en son lieu ; mais en ce qui regarde leur plantation, quand ils sont

bons à mettre en place, la manière est différente, suivant les pays : la plus ordinaire est de se servir du plantoir ; d'autres ouvrent la terre avec la bêche, qu'ils poussent devant eux pour faire un jour entre l'outil et la terre, et glissent la racine du chou devant, en laissant revenir la terre dessus, qu'ils plombent un peu avec le pied ; d'autres font de petites tranchées de huit pouces de profondeur, qu'ils remplissent à moitié de fumier, et ils y couchent la racine des choux au lieu de la mettre à pied droit, de manière que le cœur se trouve presque enterré : dans les pays où on en fait de grandes plantations, comme aux environs de Saint-Denis et d'Aubervilliers, et dans l'Alsace principalement, on les plante à la charrue ; ils réussissent de toutes façons, et il est rare qu'il en périsse : chacun suivra celle qui lui plaira le mieux.

474. L'essentiel est que la terre soit bonne et bien fumée : le sable ne leur convient nullement ; et ceux qui n'ont pas d'autre fonds, doivent au moins suppléer à son défaut à force de fumiers et d'arrosemens ; et, malgré cela, ils ne doivent jamais espérer de grosses pommes.

475. A l'égard des distances, c'est suivant l'espèce du chou et suivant la saison où on le plante, qu'elles doivent se régler ; les premiers qu'on met en place aux mois de mars et d'avril,

doivent être plus écartés, quoique de même espèce que ceux qu'on plante en juillet et août,
parce que les jours qui précèdent sont plus beaux
que ceux qui suivent, et que les plantes prennent
plus de force ; mais enfin, le moins qu'on puisse
leur donner, c'est dix-huit pouces.

476. On doit observer encore de ne les semer
et replanter qu'aux lieux exposés au midi ou au
levant ; placés ailleurs, ils sont sujets à monter
en bonne partie ; l'expérience en a convaincu tous
ceux qui font commerce de ce légume : je ne répéterai pas ce que j'ai dit ailleurs à ce sujet.

477. On doit aussi prendre garde que le plant
ne soit ni trop jeune ni trop vieux, et qu'il n'ait
pas souffert : dans le premier cas, les insectes le
dévorent, souvent n'ayant pas assez de force pour
résister à leur attaque ; et, dans le second, il ne fait
que languir et monte ordinairement, ou demeure
noué.

478. Il faut choisir un temps de pluie, autant qu'on le peut, pour les planter, moins par
la crainte de la sécheresse, à laquelle ils résistent assez aisément avec le secours de quelques
arrosemens, que par la raison des lisettes, qui s'y
attachent dans le temps sec, les trouvant fanés
et plus à leur goût, et qui les font avorter.

479. Aussitôt plantés, quelque temps qu'il
fasse, il faut les mouiller, et continuer de deux

en deux jours, jusqu'à ce qu'ils soient bien repris, à l'exception du chou-fleur, comme je l'expliquerai à son article; on les serfouit ensuite, et on entretient toujours la terre nette; si quelques-uns manquent, on les regarnit; et si quelqu'un borgne, ce qui est assez ordinaire dans les années pluvieuses, on l'arrache et on le replante; ce terme de borgner signifie un défaut dans le cœur, qui l'avorte et l'empêche de former sa pomme.

480. Les espèces qui nous sont les plus connues, et dont je vais faire la description, sont:

1 Le chou-fleur. 2 le petit pommé hâtif. 3 le petit frisé hâtif. 4 de Bonneuil. 5 de Saint-Denis. 6 le pommé ordinaire. 7 le blanc de Strasbourg. 8 le gros d'Allemagne. 9 le pancalier. 10 à grosse côte. 11 de Milan. 12 le brun. 13 le rave. 14 le navet. 15 le brocoli. 16 le marin d'Angleterre. 17 le colsa. 18 le maritime. 19 le rouge (48).

---

(48) Voici la nomenclature des meilleures variétés des choux. 1° Chou Vert à larges côtes; C. Blond à larges côtes; C. Cavalier ou C. en arbre; C. du Maine; C. à Rejets; C. de Bruxelles, ou à plusieurs têtes; C. Vert frangé ou à aigrettes rouges; C. Frisé rouge d'hiver; C. Panaché; C. Tricolore; C. Frisé vert d'hiver. Ces variétés se sèment en avril en terre substantielle et fraîche. Les suivans sont des choux à pomme: 2° C. Pommé non frisé; C. Cabage; C. d'York; C. Hâtif pain ni

481. Le chou-fleur, par où je commence , est
de tous les choux celui qu'on estime le plus avec
raison, et dont tout le monde en général est empressé ; il vient presque également dans les pays
froids comme dans les pays chauds, en proportion-
nant la culture au climat: l'Angleterre et l'Italie ,
qui sont à un degré si différent , en produisent
d'excellens, et font preuve de ce que je dis ; il demande beaucoup de soins , et le détail en sera
long sans que je puisse l'éviter.

de sucre ; C. Cœur de Bœuf ; C. Hâtif de Bonneuil ;
C. pommé de Saint-Denis ; petit Chou rouge ; C. pommé
blanc d'Alsace ; C. pommé blanc de Hollande ; C. pommé rouge ; C. quintal, ou C. pommé de troisième saison. On emploie ces deux derniers qui sont très-gros
et très-durs à faire la Sauer-Kraut (Chou-croûte). On
sème tous ces Choux au mois de mars. Ceux dont les
noms suivent, doivent être semés depuis le mois de mars
jusqu'au commencement d'Auguste: 3° chou de Milan
hâtif ; C. de Milan trapu , frisé court ; C. de Milan doré ;
C. de Milan d'été ; C. Pancalier ; C. de Milan de la
troisième saison; le gros chou pommé frisé d'Allemagne ;
Chou d'Ecosse ; le chou de Milan à tête longue ; le C.
le Caulet de Flandre ; le C. vivace de Daubenton.
Les autres variétés estimées sont , le chou de Brunswick et
frangé d'Ecosse ; le grand chou Frisé rouge ou capousta ;
le chou-rave ou C. de Siam , ou blanc, ou violet ou
nain hâtif ; le chou-Navet , chou-Turneps, ou C. de
Laponie , soit blanc, soit à collet rouge ; et le Ruta-
baga au chou-Navet de Suède, que l'on sème au mois
de mai.

482. Sa feuille est un peu dentelée, lisse et
allongée, presque pointue, sans aucune division,
d'un vert ardoisé, et ses nervures blanchâtres ;
sa tige est basse, et sa pomme blanche: cette
pomme qui sort du centre, est un composé de
plusieurs tiges épaisses, blanches et molles, qui
naissent les unes des autres, et qui sont terminées par un groupe de fleurs, ou, pour mieux
dire, de germes de fleurs, qui, jusque-là, n'ont
aucune forme distincte ; mais qui, dans la suite,
se développent tout de même que la fleur des autres choux, quand on laisse monter le pied en
graine: tous ces groupes sont réunis en masse,
et ne forment ensemble qu'un seul corps arrondi, dur, grenu, et presqu'uni en superficie.

483. Son principal mérite est d'avoir le grain
fin, dur, blanc, et de venir gros ; l'habileté consiste en même temps à les faire de bonne heure,
et à les conserver long-temps des uns aux autres;
c'est en quoi nos maraîchers excellent. On en
voit communément dès le commencement de
juin, et on en garde tout l'hiver, jusqu'en avril,
en sorte qu'on en jouit pendant neuf à dix mois
de l'année.

484. On le mange à la sauce blanche ou au
jus, et c'est un plat d'entremets fort usité ; il se
frit en pâte comme les artichauts ; il s'allie avec

toutes sortes de viandes rôties et bouillies, et se sert de garniture dans beaucoup de ragoûts.

485. On en cultive trois espèces, le tendre, le dur et le demi-dur (49); il y en a une quatrième dont la graine vient d'Espagne; elle est peu connue: son principal mérite est de ne porter sou fruit qu'à la seconde année, au commencement du printemps; mais, comme les hivers sont longs et rudes dans ce climat, elle est fort sujette à périr; et ceux qui l'ont éprouvé, s'en sont dégoûtés par-là. Il se pourrait que dans nos provinces méridionales, elle fût préférable aux autres; c'est une épreuve à faire.

486. Le tendre, qu'on nomme autrement le *hâtif*, est en effet le plus printanier, mais il n'est pas le meilleur; cependant, comme il réussit mieux que les deux autres dans les années sèches et dans les terres fortes, et qu'on ne peut prévoir le temps qui arrivera, il est toujours à propos d'en élever une petite quantité, si la terre lui est favorable; son défaut est d'être ordinairement mousseux, et de monter facilement en graine. Il se distingue du dur, en ce que sa tige est beaucoup plus déliée; sur tout le reste, sa ressem-

---

(49). On les désigne aussi sous les noms de choux-fleurs d'Angleterre, de Hollande, de Chypre et de Malte.

blance est parfaite. Voici la manière de l'élever.

487. On le sème sur couche à la fin de janvier ; il lève en peu de jours, et, dès que ses oreilles sont bien formées, on le repique assez épais sur une autre couche: au mois de mai, on le repique une seconde fois sur une nouvelle couche, et il n'en faut mettre alors que quinze à trente pieds sous chaque cloche, pour qu'ils puissent y demeurer jusqu'à ce qu'ils soient bons à replanter en place.

488. Dans toutes ces différentes situations, il est très-important de leur donner de l'air autant que le temps peut le permettre, pour qu'ils s'endurcissent et ne s'étiolent pas ; et quand ils sont bien repris, c'est-à-dire, douze à quinze jours après, on les décloche tout-à-fait.

489. C'est aux environs d'avril, qu'il faut les mettre en place à deux pieds de distance en tous sens, avec une poignée de terreau dans chaque trou qu'on fait et qu'on évase un peu avec le plantoir: ce petit secours fait qu'ils sont moins surpris du changement de situation, et qu'ils reprennent plus facilement. La terre doit avoir été préalablement bien fumée et labourée; et lorsqu'elle est nouvellement défoncée, ils s'en trouvent encore mieux.

490. Les uns les mouillent fort légèrement en les plantant, les autres point du tout ; mais tous

s'accordent à les laisser pâtir une quinzaine de jours, après quoi on commence à les mouiller à une cruchée pour quatre pieds, de deux en deux jours, ou de trois en trois : si le temps est un peu à l'humidité, et dès qu'ils se disposent à faire leur pomme, il faut doubler la mouillure, c'est-à-dire, donner une demi-cruchée à chaque pied.

491. Lorsqu'ils sont bien repris, il faut les visiter exactement, et arracher ceux qui borgnent, qu'on remplace en même temps.

492. Il n'est pas moins ordinaire qu'après être bien repris, il s'en trouve quelqu'un qui monte, surtout si on n'a pas fait régulièrement tout ce que j'ai observé : il faut en ce cas les arracher de même ; mais, lorsque la pomme ne commence à paraître qu'un mois après, ou environ, et qu'on la juge trop prématurée, ce qui s'annonce à la faiblesse du pied, il faut faire un petit bassin autour, en laissant une petite butte de terre contre la tige, et y jeter une cruchée d'eau toute entière ; deux jours après, recommencer, et le répéter une troisième fois, après quoi on réduit cette mouillure à moitié, et suivant le temps, on la donne deux ou trois fois la semaine : le pied reprend vigueur, et la pomme vient dans sa grosseur naturelle.

493. Lorsque la terre est sujette à se seller et à se fendre, il faut, chaque fois qu'on arrose,

ou une fois la semaine au moins, donner une
petite façon au pied pour la mouvoir ; l'eau pénètre mieux, et le soleil l'échauffe plus aisément.

494. Le chou-fleur dur se cultive différemment : c'est le meilleur à tous égards ; sa pomme
est plus grosse, son grain plus serré, et il ne
monte pas si facilement : on doit par ces considérations en faire son fonds capital.

495. On le sème de deux manières ; les uns
le sèment fort clair à la fin d'août, à l'abri du
nord, dans des baquets remplis de terre et de
terreau mêlés ensemble, qu'ils ont soin d'arroser
à propos, et ils le laissent dans cette situation
jusqu'aux gelées ; ils les enferment alors dans
de grandes serres pendant tous les froids, et les
remettent à l'air aussitôt que le temps s'adoucit :
le mois de mars arrivé, ils les replantent en
place, et les arrosent.

496. Cette manière n'est pas fort usitée, par
la raison que souvent ce plant enfermé dans la
serre, vient à jaunir lorsque les hivers sont un
peu longs, s'attendrit, et périt ensuite quand on
le met en plein air ; mais si leur prison dans la
serre n'est pas longue, et qu'on ait attention de
sortir de temps en temps ces baquets, lorsqu'il
survient quelques beaux jours ; on peut être sûr
que le plant réussira bien, et qu'il donnera son

fruit le premier : s'ils ont besoin d'un peu d'eau,
on leur en donne. La règle est de n'en laisser
dans un baquet de deux pieds de diamètre, que
cinquante environ.

497. La seconde manière de l'élever, qui est
celle de nos maraîchers, c'est de le semer à la
fin d'octobre sur couche, avec l'attention,
quand il est levé, d'ôter les cloches pendant le
jour, lorsqu'il ne gèle pas, pour l'accoutumer
à l'air, et de les remettre tous les soirs ; on le
repique ensuite sous cloches le long d'un mur
bien exposé, après avoir bien labouré et ter-
reauté la terre ; on en met vingt ou vingt-cinq
sous chaque cloche, et on observe de ne pas
trop l'enterrer ; il suffit qu'il le soit autant qu'il
l'était sur la couche.

498. Au bout de quatre ou cinq jours, on
donne un peu d'air aux cloches, si le temps
est favorable ; et, huit jours après, on les ôte
tout-à-fait pendant le jour pour les endurcir,
mais on a soin de les remettre le soir.

499. Lorsque le temps est à la gelée, il faut
jeter un peu de litière sèche par-dessus les cloches, et augmenter la charge à proportion de la
rigueur du temps.

500. On les laisse dans cette situation jusqu'à la fin de février, auquel temps on les repi-

que sur couche, et on les met un peu plus au large; douze à quinze sous chaque cloche suffisent. On les tient couverts pendant quatre ou cinq jours, jusqu'à ce qu'ils aient bien repris, et on leur donne ensuite un peu d'air, si le temps n'est pas trop rigoureux; huit jours après, on ôte entièrement les cloches pendant quelques heures du jour, et tous les soirs on les remet; car il faut qu'ils s'endurcissent à l'air, en même temps qu'ils profitent.

5o1. Lorsque les plus grands froids sont passés, on ôte tout-à-fait les cloches, et on bâtit un petit treillage sur la couche, pour soutenir quelques paillassons qu'on jette dessus pendant les nuits seulement, à moins qu'il ne survienne encore quelque jour de gelée ou des giboulées, auquel cas on les tient couverts.

5o2. On les laisse se fortifier dans cette situation, jusqu'à la mi-avril, et on les replante alors en place, espacés de deux pieds ou deux pieds et demi, si c'est une terre bien fertile, je dis fertile et non pas forte, qualité de terre qui ne convient pas à cette espèce. On observe d'y mettre un peu de terreau comme au chou tendre; et, s'il s'en trouve de borgnes, ou qui paraissent disposés à monter, on les rejette. On a attention aussi que le pied soit enterré jusqu'aux premières feuilles, en observant de même de ne les mouiller que fort légèrement, ou point du tout, et de les abandonner pendant quinze jours.

503. Quand ils sont bien repris, on commence alors à les mouiller médiocrement de deux en deux jours ; mais, dès que le mois de mai arrive, il faut les mouiller amplement et régulièrement de deux en deux jours, tel temps qu'il fasse, à moins qu'il ne tombât de grandes pluies ; car les petites ne doivent pas en dispenser. La bonne dose est d'en mettre une cruchée pour trois pieds, et il faut la jeter par la pomme, et non pas par la gueule, comme font beaucoup de jardiniers, afin que les feuilles profitent de ce rafraîchissement aussi-bien que le pied ; et que si elles ont reçu quelque mauvaise influence de l'air, cette eau les puisse laver et empêcher d'éclore les mauvaises semences d'insectes, que les brouillards ou autres intempéries y apportent. Le puceron, le tiquet, qu'on nomme autrement la *lisette*, et la chenille, sont leurs grands ennemis et on n'y connaît de remède que de mouiller souvent : on peut cependant, à l'égard des chenilles, les chercher dans les feuilles, et les écraser.

504. Quand ils commencent à grossir, il faut leur faire au pied un petit bassin qui retient l'eau ; et si c'est en terre grasse, un peu de grand fumier au pied leur est très-avantageux,

il conserve la fraîcheur et empêche les terres de se seller.

5o5. Leur pomme enfin se trouve bonne à couper au mois de juin, si la saison s'est trouvée favorable, je veux dire un peu tendre ; et si on s'en trouve une trop grande quantité à la fois qu'on ne puisse pas consommer, il faut les arracher avant que la pomme soit tout-à-fait à sa perfection, et les enterrer jusqu'au collet dans un endroit frais, la tête penchée, et près à près ; ils achèvent de grossir, et s'entretiennent bons assez long-temps : sans cette précaution, ils montent en graine, e on en perd beaucoup.

5o6. Il faut, dès qu'ils commencent à donner, marquer ceux qu'on veut garder pour graine, et choisir les plus beaux, qu'on doit continuer d'arroser de deux en deux jours, jusqu'à ce que les siliques soient bien formées, après quoi on peut les oublier ; souvent le puceron s'y attache, et les fait périr. Il faut, dès qu'on s'en aperçoit, couper avec des ciseaux, et jeter au loin les branches qui en sont infectées, et arroser plusieurs jours de suite toute la tige, après le coucher du soleil.

5o7. On les arrache au mois de septembre, quand les premières siliques commencent à s'ouvrir, et on les range debout le long d'un mur, pour achever de sécher; mais on observera, si on est en terre froide et humide, et surtout dans les climats un peu froids, de placer au pied des murs au midi, les pieds qu'on destinera pour graine; car souvent elle a de la peine à mûrir, et la réflexion du mur l'aide beaucoup. Mais, à l'égard du chou tendre, la graine s'en recueille bien plus tôt, et plus sûrement, sans qu'il soit besoin de prendre la précaution que je dis : observez de la couper le matin à la rosée.

508. L'opinion la plus générale est que la graine est d'autant meilleure, qu'elle est plus vieille; je ne déciderai pas sur cela, car je connais beaucoup de maraîchers qui préfèrent celle de deux ans à celle de quatre et six ; quelques-uns même la sèment la même année qu'ils la recueillent, sans en avoir jamais aperçu aucun mauvais effet.

509. Plusieurs sont dans un autre préjugé, que la graine de Malte ou du Levant est meilleure qu'aucune autre; l'expérience en a démontré le faux à tous ceux qui font profession d'en élever. Celle qu'ils recueillent eux-mêmes leur réussit beaucoup mieux; et depuis nombre d'années, aucun ne s'avise plus d'en semer d'autres. Les étrangers mêmes, en bonne partie, en ont reconnu la différence, et la tirent actuellement d'ici. Sa forme est ronde, de la grosseur d'une bonne tête d'épingle, et sa couleur marron clair ;

on la juge bonne, quand elle est bien pleine et sans rides.

510. Il faut avoir attention, tant à l'égard du chou dur que du chou tendre, de casser quelques feuilles à moitié, qu'on replie sur la pomme, quand elle commence à paraître; cela la rend plus blanche et plus dure, empêche l'eau des pluies et des rosées de la gâter et de la faire pourrir, ce qui arrive souvent quand elle n'est pas couverte. On observera encore de ne jamais les arroser dans le gros du jour; on doit prendre son temps depuis le point du jour jusqu'à huit heures, ou depuis cinq heures jusqu'à la nuit.

511. Voilà ce qui se pratique pour ceux qu'on veut avoir de bonne heure; mais à l'égard de ceux qu'on destine pour l'automne et l'hiver, la culture est différente et beaucoup plus simple.

512. On sème la graine assez clair au mois de mai, le long d'un mur placé au nord ou au couchant; on herse bien la terre après l'avoir labourée, et on jette par-dessus deux pouces de terreau ou du crottin de cheval brisé : elle lève en peu de jours; mais quelquefois elle n'est pas levée, qu'elle est dévorée par le tiquet. Le remède, qui n'est cependant pas toujours sûr, est de poudrer dessus de la cendre qu'on met dans un tamis à la rosée du matin, ou s'il n'y a pas de rosée, on les bassine légèrement; ce qu'il faut con-

tinuer plusieurs jours de suite , jusqu'à ce que
les premières feuilles soient sorties du cœur :
pour lors ils résistent à cet insecte, qui a moins
de goût pour la feuille que pour les oreilles , qui
sont plus tendres. On laisse fortifier le plant,
sans autres soins que de le sarcler et mouiller
souvent, jusqu'à ce qu'il soit en état d'être replanté en place. On les conduit ensuite de la
même façon que les premiers ; mais, surtout, il
faut les mouiller copieusement dans les mois de
juillet et d'août : ils commencent à donner leur
fruit en octobre, qui est d'autant plus beau , que
l'été s'est trouvé un peu pluvieux ; car les sécheresses lui sont très-contraires, et ils se succèdent les uns aux autres jusqu'en décembre. Il
s'en trouve même une partie dans le nombre qui ne
pomme pas en place, et qu'il faut mettre dans la
serre , où leur pomme se fait. Ce sont ceux qui
servent pour la fin de l'hiver.

513. Les précautions à prendre pour les enfermer, sont de choisir d'abord un beau jour,
quand il n'y a ni eau ni humidité sur les plantes ;
et, pour plus de sûreté encore, on les pend en
l'air par la racine, pendant un jour ou deux,
dans quelque lieu bien aéré. On leur ôte ensuite
une partie de leurs feuilles les plus basses, et on
les enterre près à près jusqu'au collet dans des
tranchées de profondeur convenable et dans un

terrain de sable ; s'il est trop sec, on le mouille un peu auparavant. On donne de l'air à la serre le plus qu'on peut, et quand les gelées survien- nent, on calfeutre portes et fenêtres ; ils font leur pomme dans cette situation, plus petite à la vérité qu'en plein air ; mais on est bien aise cependant de les trouver telles pendant tout l'hi- ver. Ils vont quelquefois jusqu'en avril, quand la serre est bonne, et qu'on est exact à ouvrir les fenêtres dès que le temps s'adoucit.

514. Dans les mois de novembre et décem- bre, pendant lesquels ils sont encore en pleine terre, il faut de l'attention pour les préserver des gelées qui sont quelquefois assez fortes, en faisant porter de la grande litière bien seconée au bord des carrés, pour les couvrir diligem- ment lorsque le temps menace, et à mesure que les pommes sont en état d'être coupées, il faut les porter dans la serre. On coupe les pieds au- dessous de la pomme : on les dépouille de toutes leurs feuilles jusqu'à fleur de la pomme, c'est- à-dire, on les coupe à fleur sans les éclater, et on les range proprement sur des tablettes : ils se conservent bons, quoique coupés, pendant deux ou trois mois ; mais il faut que la serre ait de l'air et ne soit pas humide, sans quoi ils moisissent et pourrissent. C'est la méthode de nos maraî- chers qui n'ayant pas, pour l'ordinaire, des

serres assez vastes pour en enterrer, s'en tiennent à conserver ceux dont la pomme est formée avant les grandes gelées, et abandonnent les autres.

515. Il me reste à parler du chou demi-dur : c'est une espèce qui tient le milieu entre les deux autres, et qui se sème dans les mêmes temps et de la même manière que le dur ; mais on peut également le semer sur couche en janvier et février, et il se trouve bon entre les premiers et les derniers. Il n'est pas tout-à-fait si parfait que les durs ; mais il n'a pas non plus le défaut du tendre, et il s'accommode mieux de toute sorte de terres ; il se soutient mieux aussi dans les années, soit pluvieuses, soit sèches, que ne fait le tendre ni le dur, qui demandent chacun une saison et un terrain différent, comme je l'ai expliqué. Il est bon, par conséquent, d'en avoir de cette espèce ; et je connais plusieurs maraîchers qui, après beaucoup d'expériences des unes et des autres, s'en tiennent à celle-là qui, du plus au moins, leur réussit tous les ans, ce dont on n'est pas sûr avec les autres. Sa culture est la même que celle des durs, mais on observera d'en élever qui soient hâtifs, quand on voudra en recueillir de la graine. On les conserve aussi comme les autres.

516. Ce fruit se peut confire comme beaucoup

d'autres, mais la précaution est peu nécessaire dans ce pays où on le mange frais pendant les trois quarts de l'année ; je dirai pourtant, en faveur de ceux qui ne jouissent pas du même avantage, la manière dont on les conserve en Hollande, et autres pays du nord. Après avoir nettoyé la pomme de toutes ses feuilles, et avoir ôté les plus grosses peaux des cotons, on les coupe par tranches en longueur, de l'épaisseur d'un doigt, et on leur fait jeter un bouillon dans l'eau bouillante où on a fait fondre un peu de sel ; on les retire ensuite du feu, et on les met égoutter : quand ils sont ressuyés, on les range sur des claies au soleil, et deux jours après on les passe au four qui ne soit que tiède. On les y remet deux ou trois fois s'il est besoin, jusqu'à ce qu'ils soient bien secs, et on les ferme ensuite sèchement dans des sacs de papier. Quand on veut s'en servir, on les fait revenir dans l'eau tiède pendant quelques heures, et on les fait cuire ensuite à l'eau bouillante, dans laquelle on jette un morceau de beurre manié ; on leur fait après cela la sauce qu'on juge à propos, comme s'ils étaient frais.

517. Je passe à la description des autres espèces de choux. Le petit pommé, par lequel je commence, est fort peu connu ; j'ai obligation à un curieux de m'en avoir donné la connaissance

'll'année dernière. Il fait sa pomme trois semaines
oou un mois plus tôt que le Bonneuil, qui avait
qpassé jusqu'ici pour le plus hâtif de tous les
ochoux-pommes. Sa feuille est ronde et petite,
llfort lisse ; sa couleur d'un vert d'eau ; sa tige as-
asez basse, et sa pomme un peu pointue, dure,
dblanche et tendre, de la grosseur d'un petit me-
llon des Carmes, teinte en superficie de quelques
ombres rouges. On m'a assuré qu'étant semé au
mois d'août, et repiqué en octobre de la même
manière que les autres choux qui passent l'hiver,
il résistait parfaitement et se trouvait bon à la
fin de mai ; je le crois fort possible, puisque
ceux dont je semai la graine sur couche en janvier, se sont trouvés pommés en juin. Étant semé plus tard, il se conserverait une bonne partie de l'hiver comme les autres ; mais, comme il
ne leur est pas supérieur en qualité, et qu'il n'est
pas aussi profitable par sa petitesse, on ne doit
le considérer que pour sa primeur. Par les observations que j'ai faites, je juge qu'on ne doit le
semer qu'après le mois de juin, quand on
veut en garder pour graine ; et du surplus, il
faut le conserver pendant l'hiver avec les mêmes
précautions que les autres.

518. Le petit frisé hâtif est un peu plus connu que le précédent, mais il n'est pourtant pas

fort commun ; sa feuille est frisée comme son nom le porte, d'un vert clair ; sa tige fort basse, et sa pomme dure et blanche, mais extrêmement petite. Il pomme ordinairement en quarante jours, du jour qu'il est mis en place ; en sorte qu'étant replanté à la fin de mars, il se trouve bon au commencement de mai. C'est le plus hâtif de tous les choux, mais il fait plus de plaisir que de profit, eu égard à sa petitesse. On peut le semer en août, et le repiquer en octobre, avec l'attention de le couvrir pendant l'hiver ; mais, semé en janvier sur couche, et soigné à propos, il est tout aussitôt venu, et ne risque pas tant de périr. Pour en recueillir la graine, il faut le semer en juillet, comme je l'ai dit à l'égard du petit pommé.

519. Le chou de Bonneuil est, après les deux précédens, le plus hâtif ; et s'il n'a pas l'avantage de la primauté, il a celui d'être plus profitable, sa pomme étant considérablement plus grosse ; sa feuille est grande, ronde et lisse, d'un gros vert un peu ardoisé : sa tige basse, et sa pomme un peu aplatie, fort serrée et tendre ; il a encore le mérite de se conserver long-temps sans monter et sans pourrir. Il est bon ordinairement vers la fin de juin : on pourrait le semer en août sur terre, ou en janvier sur couche, com-

me je l'ai dit du précédent ; l'un doit s'entendre
pour l'autre.

520. Le chou de Saint-Denis, qu'on appelle autrement *l'Aubervilliers*, est celui dont il se fait le
plus de consommation à Paris, pendant l'été ; sa
pomme est d'une belle grosseur, un peu pointue,
ferme et blanche ; sa tige est fort élevée, et il jette
quantité de feuilles qui sont d'un gros vert lisse.
On le sème en deux saisons au mois d'août et au
mois de mars. La première semence se doit faire
à l'ombre de quelque mur ou palissade, et se re-
ioique en octobre dans la même position, pour y
passer l'hiver. Il demande d'être couvert avec attention et précautions pendant les gelées, c'est-
à-dire, qu'on ne doit pas le couvrir trop tôt, et
qu'il faut lui donner de l'air toutes les fois que le
temps peut le permettre ; il faut prendre garde
aussi que les couvertures laissent un peu d'air au-
dessous, et qu'elles soient soutenues par conséquent sur un treillage ; car, quand il s'attendrit
trop, il périt ensuite. Si on s'est trouvé surpris
par quelque gelée, il faut attendre que le soleil
ait passé dessus et l'ait dégelé, avant de le couvrir ; on le replante ensuite au mois de mars, à
deux pieds et demi ou trois pieds de distance en
tous sens, et il se trouve bon à la fin de juin, étant
le plus hâtif après les trois précédens : ces premiers doivent être consommés pendant l'été. La

seconde semence se fait en mars, et fournit pour l'automne et l'hiver ; mais, comme il y a d'autres espèces meilleures, il ne s'en fait pas autant de consommation dans cette dernière saison. Ce sont ceux de cette dernière saison qu'on garde pour donner de la graine l'année suivante, et on les conserve de la même manière que les autres choux-pommes, dont je parlerai ci-après.

521. Le chou-pomme ordinaire, qu'on appelle *cabu* ou *capu* dans plusieurs provinces, et qui porte encore d'autres noms particuliers, est censé être de plusieurs espèces dans l'esprit de beaucoup de jardiniers, parce qu'il est conformé de plusieurs façons différentes, les uns se trouvant effectivement plus ou moins gros, d'autres faisant leur pomme ou plate, ou ronde, ou pointue. La feuille se trouve aussi plus ou moins lisse et de couleur différente ; mais je crois pouvoir avancer que toutes ces petites différences ne viennent que d'une dégénération de l'espèce, à quoi les changemens de terrain et de climat peuvent aussi contribuer. Je passe donc sous silence toutes espèces équivoques où je ne reconnais pas une différence notable, ou de forme ou de goût, ou de hâtiveté, comme dans ceux que je qualifie ici ; et je m'en tiens à dire que, pour être franc et bon, il doit être bas et de grosse tige, peu garni en feuilles, sa pomme aplatie, dure et

1 large , nuée de quelques ombres rouges sur la superficie ; la feuille lisse , large et arrondie , d'un
vert un peu bleuâtre ou rougeâtre , découpée ,
sinueuse , attachée à des queues courtes , entre-
coupée de nerfs , ayant la côte grosse et blanchâtre : quand il est tel , on peut compter d'avoir
la bonne espèce. Il se sème en août, et se repique
en octobre , à l'ombre , comme le **précédent** ;
mêmes soins pour le conserver pendant les gelées ;
il commence à être bon en août , et celui-là doit
être consommé avant l'hiver ; car , quand il est
trop gardé , la pomme crève , et la pourriture la
gagne. On en sème aussi en mars pour l'hiver ;
et celui-ci ne fait sa pomme qu'en septembre et
octobre , qui s'ouvre de même , si on ne le pré_
vient pas. La précaution qu'il faut prendre d'a-
bord , c'est de l'arracher à moitié , aussitôt que
sa pomme est bien formée : la nourriture lui étant
coupée par là en plus grande partie , la sève se
trouve arrêtée , et le cœur n'a plus la même force
pour rompre son enveloppe ; il faut, quelque temps
après , les sevrer tout-à-fait , et les arracher ,
sans quoi ils se fendent encore , et pourrissent
à la suite. Pour les conserver , les uns les portent dans la serre, et les rangent simplement debout les uns contre les autres ; d'autres les pen-
dent au plancher par la racine ; d'autres les enterrent : mais j'ai éprouvé que de toutes ces façons

ils retiennent un mauvais goût, et se conservent moins que de la manière que je vais dire, qui est plus simple, et c'est la méthode d'Aubervilliers, où on les prolonge plus loin que nulle autre part.

522. Après avoir arraché vers novembre les choux qu'on veut garder, et les avoir dépouillés de leurs grandes feuilles, on nettoie une place en plein air, le long d'un mur exposé au nord ou au couchant. On les couche sur terre près à près avec toute la racine, la tête tournée au nord ; et quand il y en a une rangée de placée, on jette un peu de terre sur les racines : on recommence un autre rang à la suite, disposé de manière que les têtes touchent aux racines des premiers, et on continue de la même manière, tant qu'il y en a. Lorsque ensuite les grandes gelées approchent, on les couvre avec de la grande litière sèche et bien secouée, et quand les dégels arrivent, on les découvre. L'air naturel dont ils jouissent de temps en temps dans cette situation, les soutient mieux qu'un air enfermé, et ils ne prennent pas de mauvais goût ; cependant à la fin de décembre, on n'en est plus empressé : ils perdent leur goût en meilleure partie, et les choux frisés leur deviennent préférables avec raison.

523. J'observerai, à l'égard de cette espèce de

o choux et de tous les choux-pommes, qu'on doit
en recueillir la graine avec des précautions différentes des autres espèces ; l'expérience a appris
aux gens d'Aubervilliers, qui en font un trafic
considérable, que le même pied donnait trois
sortes de graines plus hâtives de quinze jours l'une
que l'autre : la tige du milieu qui mûrit la première, et qu'on ramasse d'abord, donne la plus
hâtive et la meilleure en même-temps, et c'est
celle qu'ils conservent pour eux ; les sommités
des tiges collatérales qu'ils recueillent après,
forment la seconde espèce, et le surplus forme
la troisième ; cela est utile à savoir et à pratiquer.

524. Le chou blanc de Strasbourg n'est, à
proprement parler, qu'un chou-pomme régulièrement parfait ; cependant sa grosseur extraordinaire, et quelques autres qualités qui lui sont
propres, lui méritent un rang à part. C'est le
chou le plus commun en Allemagne, et qui demande le moins de soins ; car on y voit des plaines entières qui en sont couvertes, et qui sont
abandonnées, pour ainsi dire, à leur bonne fortune : on les plante à la charrue dans un temps
propre, et on les serfouit au besoin ; voilà toute
leur culture : il faut dire aussi que la qualité des
terres leur est bien favorable, et de plus on les
fume régulièrement chaque fois qu'on en plante ;

c'est ordinairement de trois en trois ans. Il ne réussit guère moins bien en France, quand les fonds sont bons et bien préparés, pourvu qu'on ait toujours de la graine bien franche et élitée, comme je l'ai expliqué à l'article précédent.

525. Sa pomme est plate et fort évasée, dure et blanche, et pèse jusqu'à trente et quarante livres; il est bas de tige, et jette peu de feuilles, qui sont d'un vert pâle, et lisses.

526. On le sème ici au mois de mars, et on le replante à la fin de mai ; il se trouve bon en octobre, et se conserve fort avant dans l'hiver, en y apportant les mêmes précautions que j'ai stipulées pour le précédent : on peut également en semer au mois d'août, qu'on repique en octobre, et qui passent l'hiver, en y donnant quelques soins ; ceux-là, remis en place au mois de mars, sont bons au mois d'août.

527. Lorsqu'on veut en recueillir de la graine, on en replante quelques-uns au mois de mars, qu'on conserve pendant l'hiver, de la même manière que j'ai dite ci-dessus.

C'est avec cette espèce de chou que les Allemands font la *Saer-kraut*, tant estimée chez eux: ce mot signifie *chou aigre*. Tous ceux qui ont un peu voyagé connaissent ce mets si commun chez eux; ils en font leur nourriture pendant tout l'hiver, cuit avec le petit salé, des saucisses, ou dumouton : il est fort peu connu en France ; cependant, comme il se trouve bien des particuliers, surtout dans le militaire, qui s'y sont accoutumés dans les voyages qu'ils ont faits, je dirai pour leur utilité la manière de faire cette espèce de confiture, qu'on peut faire également ici, et aussi bien qu'en Allemagne.

528. Dans le pays dont je parle, où il s'en consomme beaucoup, on a des instrumens faits exprès, qui en taillent plusieurs têtes à la fois, avec une vitesse incroyable ; mais à défaut de ces outils, que nous n'avons pas, il faut se servir de quelque couteau dont la lame soit large et mince, disposé à peu près comme ceux dont se servent les boulangers pour couper leur pain. On place le chou sous le couteau, qui est retenu en place par un bout, et on le coupe par tranches aussi minces qu'on le peut ; on doit préalablement avoir préparé un tonneau plus ou moins grand, suivant la quantité qu'on veut faire ; et s'il a servi à du vin, il faut le laver avec de l'eau chaude, dans laquelle on aura fait bouillir des feuilles de fenouil, de pêcher ou de noyere. Ce vaisseau se trouvant bien lavé, on y jette les choux à mesure qu'on les coupe ; et un jeune homme, après s'être aussi lavé les pieds, entre dedans, et les trépigne le plus également qu'il peut : dès qu'il y en a six pouces, on les couvre d'un petit lit de sel, avec

quelques grains de genièvre, et on continue de
six pouces en six pouces de mettre un lit de choux
et un lit de sel, mêlé toujours d'un peu de genièvre, jusqu'à ce qu'il soit plein et un peu comble :
on étend ensuite par-dessus quelques grandes feuilles de choux bien choisies, et sur ces feuilles on
pose un couvercle de bois, fait exprès suivant
le diamètre du tonneau, qu'on charge de grosses
pierres, pour affaisser les choux de plus en plus :
cette double pression qu'ils éprouvent, leur fait
rendre une eau qui doit surnager par-dessus, et il
est nécessaire qu'elle surnage, sans quoi il fau-
drait y aider, en jetant un peu d'eau naturelle :
on les laisse en cet état, et bientôt après, cette
masse de choux s'échauffe, bout et jette une écume
qu'on retire. Au bout de six semaines, on ôte les
feuilles de choux qui les couvrent, de même que
ce qui a chanci sur la superficie, et on met à la
place un linge blanc, sur lequel on remet toujours
le couvercle de bois et la charge de pierres. On
peut commencer dès-lors d'en faire usage, et jusqu'au dernier lit il faut toujours remettre la même couverture : ils se conservent bons pendant
tout l'hiver, et au delà. On peut faire en petit la
même chose que je viens de dire en grand, c'est-
à-dire, en faire une moindre quantité dans un
petit vaisseau, soit de bois, soit de terre, en
observant les mêmes précautions, pour que les

» choux soient bien pressés et que l'eau surnage.
» Ceux qui craignent la trop grande aigreur de ces
» choux, peuvent, au sortir du vaisseau, les faire
» tremper quelques heures dans de l'eau fraîche ;
» ils y perdent la plus grande partie de cette ai-
» greur. La saumure de ces choux, au rapport d'un
» grand médecin, est souveraine pour guérir les
» inflammations naissantes de la gorge, et pour les
» brûlures également.

529. Le gros chou d'Allemagne , que les Allemands appellent *Centner-kraut* , qui signifie
chou de cent livres , est un chou monstrueux ,
comme son nom l'annonce : il pèse effectivement
jusqu'à cent livres ; et un homme digne de foi m'a
assuré en avoir vu un qui en pesait cent quatorze.
Je ne l'ai jamais cultivé , et je n'en parle que sur
des relations ; mais trop de gens me l'ont confir-
mé pour en pouvoir douter raisonnablement.
Sur le portrait qu'on m'en a fait, la pomme n'en
est pas aussi serrée que les autres espèces par la
raison qu'il a la côte extraordinairement grosse,
ce qui l'empêche de se coiffer parfaitement ; sa
feuille extérieure est d'un gros vert , lisse , précédée d'une longue queue, un peu rougeâtre. On
le sème, dans son pays naturel, au mois d'août,
et on le conduit pour le surplus comme on le
pratique ici pour les autres choux-pommes. On en
fait moins d'usage pour la nourriture des hom-

mes, suivant ce qui m'a été dit, que pour celle des animaux, à quoi il est très utile pendant l'hiver : ce n'est pas pourtant qu'il ne soit assez bon ; mais il y en a de meilleurs, auxquels on donne la préférence.

530. Le chou pancalier a la feuille verte et frisée, la côte fort grosse, tendre et moelleuse, qui se mange comme celle des choux à la grosse côte. Il ne fait presque pas de pomme. On doit le préférer à beaucoup d'autres dans les pays froids et montagneux, parce qu'il résiste parfaitement aux gelées et aux neiges, qui l'attendrissent au lieu de lui nuire ; on le sème en mai, plus tôt ou plus tard suivant les climats.

531. Le chou à la grosse côte est de deux espèces, le blond et le vert ; ils sont conformés également ; mais ils diffèrent en couleur et en qualités : le blond a la feuille extrêmement jaune, et l'autre l'a verte. Le premier est le plus tendre et le plus délicat quand il a souffert quelques petites gelées ; mais il périt souvent dans les grandes : le second est moins parfait, mais il résiste à tout et demande même d'être attendri à force de gelées : cette épreuve les rend l'un et l'autre d'une bonté parfaite ; ils sont fondans et d'un goût plus fin que tous les autres, surtout lorsqu'on les prend au moment que la glace est sur les feuilles : on les met tout gelés dans la

marmite, et en une demi-heure ils sont cuits; si on les y laisse plus long-temps, il tombent en bouillie.

532. Leur tige est assez basse, leur feuille épaisse et ronde, la côte grosse et blanche; ils font une petite pomme, quand ils sont plantés de bonne heure; mais, comme on estime plus la feuille que le cœur, on ne se presse pas de les avancer : c'est ordinairement en juin qu'on les sème, et on les replante en août; on peut même, dans les terres légères, en planter jusqu'à la mi-septembre si on n'a pas de place vide plus tôt; mais ils ne viennent pas si forts.

533. Lorsqu'on veut réserver de l'espèce blonde pour graine, il faut en couvrir quelques pieds pendant les gelées, ou les porter dans la serre; l'autre n'a besoin d'aucune précaution, à moins que l'hiver ne se trouve bien long et bien rigoureux.

534. Le chou de Milan qu'on nomme autrement *chou frisé*, est le meilleur au goût, et le plus délicat de tous les choux en toute saison; beaucoup de particuliers n'élèvent que cette espèce, tant pour l'été que pour l'hiver, et je lui rends la justice qu'il mérite cette préférence.

535. Il y en a cinq espèces bien distinctes, qu'on subdivise encore en plusieurs autres, mais qui ne sont que des espèces dégénérées de celles-là.

536. Le premier, c'est le petit chou nain, frisé, qui fait sa pomme presqu'à fleur de terre, et très-petite ; sa feuille est d'un gros vert, extrêmement frisée ; sa pomme est ronde, dure et jaune, fort tendre, et qui cuit très-promptement : si on veut l'avancer, on le sème sur couche en février ; et il est bon en juin, quelquefois plus tôt. On sème les seconds en avril, qui sont bons en août, et les derniers en juin, qu'on destine pour l'hiver ; pour les conserver pendant cette saison de rigueur, on observe les mêmes précautions que j'ai marquées pour le chou-pomme. Cette espèce fait ordinairement sa pomme en quarante jours, du jour qu'elle est en place.

537. La seconde espèce, c'est le frisé pointu, nommé autrement *la tête longue* ; sa feuille est d'un beau vert, extrêmement cloquetée, et fort alongée ; assez bas de tige, et de médiocre grosseur : sa pomme est formée comme un œuf, jaune, tendre, et d'un goût parfait, mais elle n'est pas bien serrée ; il est plus délicat aussi à la gelée : il faut beaucoup d'attention pour le conserver pendant l'hiver. On le sème en différens temps, comme l'espèce ronde, pour en avoir en différentes saisons.

538. La troisième espèce, c'est celui qu'on appelle *le chou frisé court* ; il est très-bas de tige ;

sa feuille est fort cloquetée, assez ronde, d'un vert bleuâtre; sa pomme très-serrée, de moyenne grosseur; on peut le semer en différens temps, comme le précédent, et on le gouverne tout de même.

539. La quatrième espèce, c'est le petit chou de Milan, dont la tige est également basse; sa feuille très-frisée, et d'un beau vert qui ne change point; sa pomme dure et de moyenne grosseur; il est un peu délicat à la gelée, et sa pomme crève aisément, mais par contre il est fort tendre et fort bon : il faut le lever de bonne heure pour en jouir pendant l'hiver; même soin et même conduite qu'aux précédens.

540. La cinquième espèce s'appelle *le chou de Milan à grosse tête*, ou *le gros chou de Milan* tout court; sa feuille est d'un gros vert, frisée grossièrement; sa tige est élevée, et il jette une quantité de feuilles; sa pomme est plus grosse du double que celles des deux précédens, fort serrée, mais moins délicate à manger : par contre c'est un des choux qui résistent le plus aux mauvais temps ; il faut le destiner particulièrement pour l'hiver, d'autant plus que la gelée l'attendrit. On le préfère aussi pour la primeur, parce qu'étant semé en août et repiqué en octobre, il passe l'hiver plus facilement qu'aucun autre, et se trouve

bon au commencement de juillet. Dans les pays froids, il convient parfaitement.

541. Le chou brun, qu'on nomme autrement *pyramidal*, est une des espèces que les Allemands estiment le plus pour l'hiver; il n'est ni si connu, ni si prisé en France: je connais au contraire plusieurs particuliers qui les ont réformés de leurs jardins, après en avoir élevé; mais je peux dire qu'ils n'en ont pas connu le mérite, qui dépend de la manière de les assaisonner, et du temps propre à les manger. Ils ne sont bons, je l'avoue, qu'après que la gelée a passé dessus, et qu'autant qu'ils ont bien pris le suc des viandes, avec lesquelles ils sont particulièrement bons: le jambon et le petit salé leur conviennent mieux qu'aucune autre. Au défaut, le mouton est encore bon, mêlé de quelques saucisses; et on prend garde qu'ils ne soient pas trop cuits, ce qu'il est aisé d'éviter, en faisant cuire les viandes à moitié avant de les mettre. Il est vrai encore que ce n'est pas un mets fin pour les gens délicats; mais le gros des hommes qui préfère le simple et le naturel à tout l'artifice de la cuisine, ne doit pas être indifférent à celui-ci, qui, dans sa simplicité, a un sucre et une saveur distinguée. Il a l'avantage, de plus, de se conserver tout l'hiver en pleine terre, et de servir encore utilement pendant le printems, soit pour les soupes, soit en salade,

soit fricassé au beurre ; on lui coupe le cœur après l'hiver, et les rejetons poussent plus tôt et en plus grande quantité.

542. Ce chou forme une tige de trois pieds environ, fournie dans toute sa longueur de feuilles extraordinairement frisées, frangées et plissées par ondes ; et des aisselles de chacune il sort un rejeton semblable au brocoli ; c'est ce rejeton qui se mange ; il ne se forme aucune pomme à la tête.

543. Il y en a de deux espèces ; l'une a la feuille verte, et l'autre violette ; ils ne diffèrent que par là. Le violet est le plus estimé, quoique tous les deux soient bons, et il se conserve mieux. Je trouve pourtant plus de sucre dans le vert.

544. On les sème sur terre en mars, et on les replante en juin, à deux pieds de distance en tous sens ; la terre doit être particulièrement bonne et bien fumée : ils demandent aussi d'être souvent arrosés.

545. Quand on veut en recueillir de la graine, on en laisse quelques-uns en place, sans aucune précaution ; ils résistent à tous les mauvais temps, et fleurissent au printemps.

546. Le chou-rave, qu'on nomme autrement *chou de Siam*, est une espèce qui, par son goût, la forme de sa pomme et de ses feuilles, tient autant de la rave que du chou ; j'entends de cette

espèce de rave si commune aux environs du Rhône (5o). Il ne forme point ou peu de tige ; ses feuilles découpées comme celles de la rave, sont rassemblées autour du cœur ; et au-dessous de ce groupe de feuilles, se forme la pomme qui est ronde, un peu applatie, rougeâtre en quelques places, écaillée et de la grosseur d'une boule à jouer. Cette pomme est pleine et charnue comme une rave effective, blanche de même, et sert aux mêmes usages, soit pour la soupe, soit en haricot avec le mouton ; on la mange aussi à la sauce blanche, et c'est un fort bon légume, quoiqu'il n'ait rien de fin: il se garde tout l'hiver dans la serre, comme les betteraves et autres racines, et il est d'autant meilleur, qu'il a été quelque temps enfermé. On le sème sur la terre au mois d'avril, et on le replante à la fin de juin : lorsqu'il est planté plus tôt, la pomme est sujette à se durcir et à se corder ; il faut le mouiller au besoin pour le rendre tendre. On peut commencer d'en couper au mois de septembre ; mais pour en jouir l'hiver, il faut les laisser sur pied jusqu'aux grandes gelées : on coupe alors toutes les pommes, on éclate les feuilles qui y tiennent, et on les met simplement en tas sans les enterrer ; mais lorsqu'on

______

(5o) C'est le Turnep ou Rabioule, sorte de navet.

veut en recueillir de la graine, il faut en enfermer quelques-uns avec leur racine, qu'on remet en terre au mois de mars.

547. Le chou navet ressemble en beaucoup de choses au précédent ; sa feuille est presque toute semblable ; il ne fait point de tige, et toutes ses feuilles sont ramassées autour du cœur à fleur de terre. Son fruit a le même goût ; mais au lieu de croître à l'air, il se forme en terre comme un véritable navet. Il vient de la grosseur d'une bouteille, d'une forme irrégulière, mais plus ronde que longue : sa peau est fort dure et fort épaisse ; il faut l'ôter à l'épaisseur de deux écus, quand on veut s'en servir. On l'emploie aux mêmes usages que le précédent, et on le cultive tout de même. Ce que j'ai dit pour le premier, servira pour celui-ci ; j'observerai seulement qu'il est un peu dur à cuire, il demande d'être long-temps sur le feu et de bouillir à grande eau. On en fait beaucoup de plantations en quelques contrées de l'Allemagne, pour nourrir les bestiaux pendant l'hiver ; mais nos raves dont on se sert de même sont d'un plus grand profit, parce qu'il en croît six dans l'espace de terre qu'occupe un de ces choux, et elles ne demandent aucun soin.

548. Le chou qu'on nommme *brocoli*, est de deux espèces. L'un a la feuille d'un gros vert,

frisée et bouclée comme celle du gros Milan, mais alongée comme celle du chou-fleur; il s'élève de deux ou trois pieds, et des aisselles de chaque feuille il sort un drageon qu'on nomme *broque* en quelques contrées de la France; c'est ce drageon qu'on coupe à un certain point de force, et qu'on mange soit à l'huile, soit au beurre, ou cuit avec certaines viandes. On le sème au mois de mars, et on peut commencer d'en faire usage au mois d'août jusqu'aux gelées, qui le font périr, à moins de le conserver avec des précautions qu'il ne mérite pas infiniment, car c'est un manger fort commun. On donne aussi le nom de brocoli à tous les rejetons des choux pommés ou frisés, dont les pieds ont resté en terre pendant l'hiver après avoir coupé les pommes, et qui repoussent au printemps; ils ont leur mérite pour certaines gens dans cette première saison, mais ils n'ont que le goût ordinaire du chou.

549. Le véritable et le bon brocoli, c'est celui dont les Italiens font cas avec raison: il fait une pomme comme le chou-fleur, avec cette différence qu'elle est violette, et que le grain n'est pas, à beaucoup près, si fin ni si serré; la tige s'élève à deux pieds environ, et de chaque feuille il sort un rejeton qui est terminé de même par un bouquet de graines de même espèce et de

même bonté que la mère pomme; et, comme il arrive assez souvent qu'il ne s'en forme point de bien décidée dans le milieu, c'est-à-dire que toutes les côtes s'ouvrent et s'écartent au lieu de demeurer réunies, les rejetons sont en ce cas bien plus abondans et mieux nourris; la feuille est découpée profondément du côté de la queue, et arrondie à l'extrémité, d'un vert assez foncé, et peu frisée.

550. Ce légume se mange cuit en salade, chaud ou froid, au goût d'un chacun: on le met aussi dans la soupe, en observant de ne le mettre dans la marmite qu'un quart d'heure avant de le retirer; car pour peu qu'il cuise trop, il se réduit en bouillie; il faut le veiller comme l'asperge: on l'apprête encore à la sauce blanche: de telle façon enfin qu'on le veuille manger, il est délicieux, délicat, tendre, et porte avec lui un petit parfum, qui le rend préférable au chou-fleur dans toute l'Italie, qui est son climat le plus favori.

551. Il est peu connu en France, et on n'en voit nulle part dans les marchés publics, mais les particuliers qui le connaissent se font un grand plaisir de le cultiver; et quand il est élevé avec soin, il vient aussi beau et aussi bon qu'en Italie; j'en ai fait l'épreuve plus d'une fois.

552. On le sème en deux saisons, pour en

avoir tôt ou tard. En mon particulier, je suis, pour les premiers, la même méthode que pour les choux-fleurs hâtifs, que je ne répéterai pas: on sème les seconds au mois d'avril, et ils se conduisent comme tous les autres choux jusqu'à l'automne. Les premiers se trouvent bons en juin ; et en les arrachant à moitié, lorsque leur pomme est à peu près faite, on prolonge leur durée assez long-temps ; arrachés tout-à-fait et replantés à l'ombre, ils se conservent encore plus frais. Les seconds commencent à être bons au mois d'octobre, et fournissent successivement jusqu'aux gelées ; il s'en trouve même qui ne sont pas encore pommés lorsque le péril les menace, et ceux-là s'enferment dans la serre, où ils font leur pomme comme les choux-fleurs, étant gouvernés de la même façon.

553. Le plus important de la culture de ce chou, c'est de le mouiller souvent et copieusement ; pour le surplus, on lui donne les mêmes façons qu'aux autres. Lorsqu'il en paraît quelqu'un au printemps qui s'apprête à faire trop tôt sa pomme, c'est-à-dire qui s'élance trop, proportionnément à sa force, on peut éprouver un expédient dont je me suis servi quelquefois avec succès, et quelquefois sans fruit. On perce la tige dans le milieu avec un fer pointu, tel qu'une grosse alêne de cordonnier, au-dessous

des premières feuilles ; et on remplit le trou que
le fer a fait, avec une paille de seigle qu'on
coupe à droite et à gauche, à l'épaisseur d'un
écu ; cette petite opération détourne la sève du
tuyau central, qui fait élever le cœur trop rapi-
dement ; et cette sève trouvant les passages fer-
més, se rejette forcément dans les parties collatérales, qui profitent à proportion de la nouvelle
nourriture qu'elles reçoivent ; la pomme se forme
ensuite dans son temps. Ce n'est pas sur le brocoli seul que cette opération produit cet effet ;
toutes les sortes de choux qui ont cette disposition à monter, s'arrêtent par là, quand on
n'attend pas trop tard à le faire ; on s'en sou-
viendra au besoin.

554. Lorsqu'on veut en recueillir de la graine, on en laisse monter quelques-uns des premiers et des plus beaux ; elle mûrit fort bien,
mais elle n'est jamais si fraîche que celle qu'on
tire d'Italie, et c'est de Rome particulièrement
qu'il faut la tirer. Elle n'a rien de différent des
autres espèces de choux, qui puisse la faire reconnaître : ainsi il faut s'en rapporter à celui de
qui on la tient.

555. Le chou marin d'Angleterre a la feuille
à peu près comme celle des autres choux, mais
plus épaisse et plus charnue, frangée et plissée
sur les bords par ondes, d'un assez bon goût ; il

s'élève d'entre ses feuilles des tiges terminées par des bouquets de fleurs blanches, à quatre pétales disposés en croix, auxquelles succèdent des fruits ou coques ovales d'une matière spongieuse, qui renferment une semence unique, de forme oblongue et brune. Cette espèce n'a pas un mérite bien distingué, mais elle convient mieux que d'autres dans des climats froids, tels que celui de l'Angleterre, où elle croît naturellement sur les côtes maritimes.

556. Le colsa, qu'on appelle autrement *le chou sauvage*, est une petite espèce basse, qui ne pomme point, et qui n'est pas d'usage en aliment ; mais elle a le mérite de donner de la graine, dont on tire une huile équivalente à celle de navette. On le sème d'abord dans les jardins, et on le replante ensuite dans les champs ; il pousse plusieurs tiges, qui s'élèvent à quatre ou cinq pieds, et qui fournissent abondamment. Il faut recueillir la graine à la rosée du matin : car, si on la coupe dans le gros du jour, il s'en perd beaucoup, surtout si on la transporte avec le colsa à la maison. La meilleure manière, après l'avoir coupée le matin, est de la laisser sécher le reste du jour au soleil, et de la battre en place sur le soir ou le lendemain ; on apporte à cet effet quelques draps sur lesquels on la bat. J'ai ouï assurer que cette graine était d'un très-bon

rapport, mais je n'en ai point fait l'expérience.

557. Le chou maritime est une espèce singulière ; sa tige s'élève à trois pieds environ ; sa feuille est d'un gros vert, médiocrement frisée ; il ne fait aucune pomme, c'est sa feuille qu'on mange dans la soupe ; et à mesure qu'on la coupe, il en vient d'autres qui se succèdent toujours pendant quatre ou cinq ans, sans que les mauvais temps lui portent aucun dommage : voilà son grand mérite ; car cette feuille est pour l'ordinaire assez dure, et d'un goût fort médiocre. Il convient dans les pays de montagnes, où les gelées et les neiges l'attendrissent.

558. Le chou rouge, par où je finis, est de deux espèces, l'une qui pomme, et l'autre qui ne pomme pas. Les feuilles de la première espèce sont grandes et sinueuses, formées comme celles des autres choux-pommes, mais de couleur fort diversifiée ; car quelques-unes sont d'un purpurin brun, d'autres d'un vert foncé ou gai, et quelques-unes d'un vert de mer, couvertes d'une fleur bleuâtre comme certaines prunes : toutes cependant sont traversées également par des côtes et des nerfs rouges. L'intérieur de la pomme n'est pas susceptible de ces variations, étant toujours d'un rouge vif et uniforme, à peu près comme la betterave.

559. Ce chou, quoique d'une qualité à peu

près semblable aux autres (couleur à part), ne sert guère à l'usage de la vie, j'entends en France. Quelques personnes le mangent cru en salade, coupé très-menu avec l'ognon et la betteráve, et c'est la seule façon qui plaise ; mais en Flandrè et en Hollande, on le mange cru et cuit de différentes façons : chaque nation a son goût, on ne doit rien y opposer.

560. Il est beaucoup plus utile pour nous dans la médecine ; c'est pour cet usage qu'on en cultive toujours quelques-uns dans tous les jardins bien fournis. On s'en sert avec grand succès pour les maladies du poumon et de la poitrine ; il est laxatif et adoucissant : on l'emploie dans la tisane et dans le bouillon, mêlé soit avec le miel, soit avec le mou de veau et d'autres herbes capillaires, suivant le genre de la maladie. Cuit avec de l'huile ou du beurre sans sel, il lâche le ventre, apaise la toux, et fait revenir la voix éteinte ; c'est le bouillou dans lequel il a cuit qu'il faut prendre. Les asthmatiques en sont aussi soulagés. Les bouillons qu'on fait avec ce chou, la pulmonaire, le capillaire et le mou de veau, sont excellens pour les mauvaises poitrines : on les prend à jeun, et trois heures après le souper, pendant douze ou quinze jours. La tisane toute simple a la même vertu pour la même maladie : on en met trois poignées dans

deux pintes d'eau réduites à trois chopines, avec un demi-quarteron de miel, qu'on écume bien. Sa feuille frottée avec du beurre, et saupoudrée de poudre de cumin, est excellente pour les maux de côté : on l'applique sur la partie malade. Appliquée de même sur les mamelles des femmes nouvellement accouchées, elle prévient la grande quantité de lait, et l'empêche de se coaguler dans les abcès des mamelles. Elle détourne aussi l'inflammation, et consolide les ulcères. Sa graine est également employée dans plusieurs remèdes.

561. On cultive ce chou de la même manière que les autres : la graine se sème au mois de mars, et on le replante en juin ; quelques-uns les arrachent aux approches des gelées et les enferment, mais cela n'est utile à pratiquer que pour en avoir dans le temps des neiges et des fortes gelées ; car il passe fort bien l'hiver en pleine terre, et il est beaucoup mieux de laisser en place ceux qu'on destine pour graine, sauf à les couvrir d'un peu de paille, quand il survient des neiges en abondance, où ils pourraient se trouver ensevelis.

562. La seconde espèce de chou rouge s'élève jusqu'à cinq et six pieds, et forme plutôt un arbrisseau qu'une plante potagère ; sa tige est raboteuse à la partie inférieure, et se divise quel-

quefois en plusieurs branches. Ses feuilles sont larges, d'un vert rougeâtre ou couleur de sang, mêlées accidentellement de teintes bleuâtres, et traversées d'un grand nombre de nervures: elles sont placées sans ordre, ridées, écartées et sinuées. Ses fleurs sont jaunes, auxquelles succèdent des siliques longues de quatre à cinq pouces, qui renferment des graines rougeâtres et arrondies. Cette espèce supporte, comme la première, toutes les rigueurs de l'hiver, et dure plusieurs années, quand on en prend quelque soin. Assez souvent elle produit des rameaux latéralement, et au printemps ses jeunes pousses sont estimées en salade ; on la cultive comme les autres espèces, mais elle est beaucoup moins employée en médecine.

CHAPITRE XIX.

Epinard (*).

563. **C**ETTE plante est annuelle ; il y en a deux espèces: la commune, autrement nommée *l'épinard mâle* ; et celle qu'on appelle *la grande espè-*

(*) *Spinacia oleracea : L.*

ce : quelques-uns voudraient en compter une troisième, qu'ils nomment l'*épinard femelle*; mais ils ont tort de la regarder comme une espèce, puisque toutes ses fleurs sont stériles, et que c'est une dégénération des deux autres espèces, parmi lesquelles celle-ci se produit dans toutes les semences.

564. La racine de l'épinard commun est menue, blanche, simple, garnie de peu de fibres ; sa tige est haute de deux pieds et plus, creuse, cylindrique, cannelée, partagée en plusieurs rameaux. Ses feuilles sont presque semblables à celles de l'arroche, portées sur de longues queues ; celles qui sont au bas des tiges sont quelquefois découpées des deux côtés à leur base, terminées en pointe ; et celles du haut de la tige ont seulement deux prolongemens et comme des oreilles à leur base. Cette plante ne porte aucune fleur, mais seulement des fruits verts, chargés de quatre filamens blanchâtres; les embryons naissent des aisselles des feuilles aux extrémités des rameaux, par pelotons entassés les uns sur les autres, qui se changent en un fruit de la grosseur d'un grain de vesce rond, aplati et lisse ; de couleur cendrée en mûrissant, et rempli d'une graine en forme de poire; d'autres l'ont beaucoup plus aplati, presque triangulaire et piquant. Cette différence de la graine des uns aux autres

autorise encore quelques auteurs à en vouloir
faire deux espèces différentes ; mais il est à remarquer que c'est la seule différence qu'il y ait
dans la plante, et qu'elle ne vaut pas la peine qu'on
la divise en deux espèces. D'ailleurs j'ai éprouvé
qu'en semant de la graine piquante, il en vient
quelquefois des pieds qui font la graine ronde ;
et de même en semant de la ronde, il vient des
pieds qui la font piquante : il me paraît donc que
cela doit être considéré simplement comme une
variété et un jeu de la nature.

565. L'épinard de la grande espèce différe de
la première, en ce que la plante est beaucoup
plus forte et plus élevée, et les feuilles plus grandes, plus arrondies et plus épaisses. Sa graine
est ronde comme l'autre, de même grosseur et
de même couleur.

566. La première espèce est plus délicate au
goût des uns ; la seconde fournit davantage, et
suivant d'autres, elle a le goût plus décidé ; elle
résiste mieux aussi pendant l'hiver, et fond moins
au feu : chacun pourra se contenter.

567. On l'emploie en gras et en maigre, mais
la façon de la préparer est toujours la même : on
épluche et on lave bien d'abord toutes les feuilles ; on les jette dans l'eau bouillante, où on les
fait amortir, et on les retire au bout d'un demi-
quart d'heure pour les faire égoutter. L'usage le

plus commun est de hacher les épinards quand ils sont cuits ; mais les bons cuisiniers ne le font pas, et les apprêtent tels qu'ils sortent de l'eau, ayant reconnu qu'ils perdaient dans cette opération la meilleure partie de leur goût, de manière qu'il ne reste plus en quelque façon que le marc. La méthode de quelques autres est de les faire cuire sans eau, d'autant qu'ils en rendent assez d'eux-mêmes, et il est vrai qu'ils en ont beaucoup plus de goût ; mais il ne faut pas d'abord un trop grand feu, qui les brûlerait. Dans quelques pays on les mange crus en salade, lorsqu'ils sont jeunes et tendres. Enfin les auteurs conviennent unanimement que, de telle façon qu'on en use, c'est un aliment salutaire, quoique peu nourrissant.

568. Ce mets sert pour les entremets dans les tables délicates, soit au jus, soit à la crème, et c'est toujours le plat le premier pris ; accommodé simplement au beurre, et relevé par l'ognon et les épices, il plaît en général ; d'autres y mettent de la crème, avec une écorce de citron et quelques gouttes de fleur d'orange ; sous l'aloyau et le gigot, il n'est point d'herbage si délicat, et qui prenne mieux le jus des viandes ; on en fait encore des tourtes excellentes ; il est employé aussi dans les farces, avec l'oseille, pour adoucir son acidité, de même que dans la soupe.

13*

L'eau où on les fait cuire a une qualité particulière pour dégraisser et nettoyer le fer, particulièrement les tournebroches.

569. Ses propriétés dans la médecine sont
d'amollir et lâcher le ventre, d'adoucir la toux
et les âcretés de la poitrine. L'eau distillée de
ses feuilles est souveraine aussi pour apaiser la
chaleur des entrailles, et les ardeurs d'un estomac irrité par une bile enflammée; on se sert
encore de ses feuilles dans les décoctions et cataplasmes émolliens. Les asthmatiques reçoivent un grand soulagement, et quelquefois sont
guéris radicalement par l'usage fréquent des épinards bouillis avec le veau; et c'était le seul remède que faisait M. Fagon, premier médecin de
Louis XIV, qui était fort incommodé de ce mal.
Appliquées à l'extérieur sur le ventre et sur le
foie, elles en dissipent l'inflammation et la douleur. Le trop fréquent usage de cette plante, au
sentiment d'un auteur moderne, rend le sang
mélancolique; mais l'expérience de M. Fagon
détruit, ce semble, cette opinion.

570. Les deux espèces dont j'ai parlé se cultivent absolument de la même manière, et on peut
en semer pendant huit mois entiers, depuis la
fin de février jusqu'au mois d'octobre. Il faut
choisir la meilleure terre qu'on ait, la mieux
amendée, et terreauter la semence, quand on le

peut. On sème à la volée ceux qui doivent passer l'hiver, mais il convient mieux de semer par rayons ceux qu'on consomme pendant l'été ; il y a plus de facilité à les serfouir et à les couper.

571. La première qu'on sème pour passer l'hiver se sème à la mi-août, et on commence d'en faire usage dans les premiers jours d'octobre ; la seconde semence se fait à la mi-septembre, et les épinards ne se coupent guère avant l'hiver ; la troisième se fait dans les premiers jours d'octobre ; et ceux-ci, qui demeurent petits, servent à succéder aux premiers après l'hiver. On recommence à la fin de février ou en mars, et ces nouveaux semés se mangent après les derniers qui ont hiverné. On les coupe dès qu'ils sont assez forts ; ils n'ont que cette coupe : car après ils montent en graine, aussi-bien que ceux des semences d'automne. Quinze jours après, on en sème encore un peu qui ont le même sort : on continue de quinzaine en quinzaine pendant tout l'été, quand on aime ce légume au point de ne pouvoir s'en lasser, comme c'est le goût de beaucoup de personnes, en sorte qu'on peut en manger toute l'année, excepté dans les temps de gelée ; encore, avec la précaution de les couvrir, ou d'en couper pour enfermer dans la serre à l'approche des mauvais temps, où ils se conservent trois semaines ; en les remuant de temps

en temps , on peut en avoir sans discontinuation.
On observera que la graine de l'épinard commun est beaucoup plus prompte à lever que cell.
de la grande espèce , qui demeure, quelquefois
quinze jours ou trois semaines en terre.

572. La seule culture que cette plante demande après avoir été semée, hersée et marchée,
est d'être sarclée exactement et mouillée au besoin pendant l'été, sans quoi elle jaunit et monte
au sortir de terre ; si on peut la mettre à l'ombre
dans les grandes chaleurs , la feuille en vient plus
verte et plus belle. Quand on la sème par rayons,
on peut pratiquer ce que j'ai dit à l'égard des carottes , et même mouiller la semence aussitôt
marchée, et recouvrir les rayons le lendemain;
c'est la méthode de nos maraîchers.

573. A l'entrée du printemps , il faut nettoyer
ceux qui ont passé l'hiver, de toutes les feuilles
que l'hiver a gâtées ; le cœur repousse plus tôt, et
la terre, dégagée de toutes les ordures qui la couvrent, se met plus aisément en humeur ; on les
sarcle en même temps.

574. Pendant l'hiver et le printemps, on ne
doit se servir d'aucun instrument pour les cueillir : on les arrache à la main , à fleur de terre,
avec la queue ; mais dans l'été cette sujétion
serait inutile, puisqu'on ne les coupe qu'une
fois. Dans quelques provinces on coupe le pied

tout entier : mais cette méthode n'est pas bonne ;
car, outre qu'ils ne sauraient plus repousser,
le cœur qui est plus dur que la feuille, se fait
toujours sentir quand on les mange, et n'est
pas propre sur une table bien servie.

575. On en conserve pour graine la quantité
qu'on juge à propos des premiers qui ont été semés pendant l'hiver ; ils rapportent plus que les
derniers, et la graine en est plus tôt mûre. Comme
la tige s'élève fort haut, j'entends de la grande
espèce, on fait bien de la soutenir avec quelques lattes, et de la défendre le mieux qu'on
peut des oiseaux qui en sont fort avides, de
même que les mulots. La graine de ceux qu'on
sème au printemps, quoique moins bien nourrie, servirait également au défaut de celle dont
les pieds ont passé l'hiver, mais il s'en faut bien
qu'ils en fournissent autant.

576. On arrache enfin ou on coupe les tiges
quand elles commencent à jaunir, sans attendre
qu'elles sèchent tout-à-fait ; la graine achève de
mûrir au soleil, étendue sur un drap, et se conserve bonne pendant trois ans.

577. Il se trouve des pieds stériles, comme
je l'ai dit, mêlés avec ceux qui sont fertiles ; ces
pieds, qu'on appelle *femelles*, se distinguent facilement lorsque la plante est élevée, en ce
qu'elle est plus faible et plus jaune, et qu'au

lieu de graine elle porte tout le long de ses rameaux des groupes de petites fleurs sans pétales,
qui ne sont, à proprement parler, que des étamines, qui se dissipent et tombent en poussière
dès qu'on les touche. Il faut avoir soin d'arracher
tous ces faux pieds à mesure qu'ils se font connaître, d'autant qu'ils sont infructueux, et qu'ils
nuisent aux bons.

578. Aussitôt que la graine est sèche, on ne
doit pas différer de la battre et de l'enfermer.
L'espèce commune est de deux sortes quant à la
graine, comme je l'ai dit ; l'une la fait ronde et
lisse, l'autre la fait triangulaire et piquante ; et
comme cette dernière est fort incommode à manier, tant pour la nettoyer que pour la semer,
on préfère avec raison la première.

579. Il nous est venu depuis peu de l'Amérique une nouvelle espèce d'épinard, sous le
nom de *basella*, (51) dont les Américains font
un grand usage ; mais il faudra encore du temps
avant qu'elle puisse être répandue. C'est au jardin
du Roi que je l'ai vue, et peut-être n'est-elle que
là ; mais, autant que je puis en juger, il ne sera
pas bien difficile de la multiplier en s'y appli-
quant un peu ; et je peux dire qu'elle en vaut

---

(51) C'est la Baselle dont on connaît deux variétés,
la rouge et la blanche.

bien la peine. Il y en a de deux sortes, qui ne
diffèrent l'une de l'autre que par la couleur des
feuilles, l'une les ayant vertes, et l'autre rougeâtres
comme les feuilles de betteraves, avec les nervures d'un gros rouge pourpre, et la tige de
même. Les feuilles sont formées en cœur de sept à
huit pouces de longueur, dans le bas de la plante,
sur quatre de largeur, unies sur les bords, lisses
et lustrées, fort épaisses. La tige est fort grosse
vers le pied, et pousse une quantité de filets assez déliés, presque semblables à ceux du haricot, qui s'élèvent jusqu'à six pieds, et qui se
tournent autour des rames qu'on y met, en y ai-
dant un peu: ces filets ou rameaux sont garnis de
feuilles dans toute leur étendue, et font ensemble
un écart de deux pieds et plus en tous sens. Les
fleurs sortent en grand nombre tout le long des
filets, disposées en forme de grappe, et portées
sur des pédicules courts et gros; mais le terme
de fleur est impropre, car ce ne sont, à proprement parler, que de petits boutons qui sont de
couleur de rose sur la superficie, sans pétales
ni étamines sensibles, et qui se changent en un
fruit ou baie molle, de la grosseur d'un pois,
refendue à la tête, qui est d'abord verte, et qui
en mûrissant devient d'un violet noir. Ces baies
sont placées inégalement le long des queues, où
elles naissent, et renferment chacune un grain

13*

dur, de la grosseur d'un grain de poivre, qui est la semence de la plante.

580. Jusqu'à ce moment on s'était contenté au Jardin du Roi de lui donner les soins nécessaires pour la conserver, en observant le degré de chaleur et d'humidité qu'elle pouvait demander; on avait parfaitement réussi, non-seulement à la conserver, mais encore à l'élever de sa propre graine. On ne présumait pas apparemment que cette plante renfermât autant de bonnes qualités, ni qu'elle pût se multiplier en toutes mains, et on n'avait pas poussé les recherches plus loin; on n'avait pas eu seulement la curiosité d'en éprouver le goût. Prévenu pour elle au premier coup d'œil, je demandai une poignée de ses feuilles, qu'on eut la complaisance de me donner pour en faire l'épreuve, et le jour même elle fut faite. Je les fis cuire et apprêter de la même manière que nos épinards ordinaires, avec cette différence que je fis ôter à ceux-ci les côtons des feuilles, comme on les ôte à la poirée. Je les goûtai ensuite, ainsi que trois ou quatre personnes capables d'en juger, et nous convînmes unanimement qu'ils étaient, pour le goût, supérieurs aux nôtres, n'ayant rien de cette âcreté qu'on est obligé de corriger par le sucre ou la crème; il sont au contraire sucrés par eux-mêmes, avec l'avantage d'être plus charnus, et de

fondre beaucoup moins. Tout cela m'a donné une forte envie d'en multiplier l'espèce, et j'espère d'y réussire. La difficulté est qu'elle ne saurait passer l'hiver en pleine terre, et qu'elle ne peut donner sa graine qu'à la seconde année: d'où il résulte qu'il faut pouvoir la conserver pendant un hiver. On a fait l'expérience qu'elle périt dans une serre ordinaire, et qu'il lui faut nécessairement une serre chaude; mais je pense que, quoique peu de personnes aient une serre chaude, si quelques-uns s'appliquent à conserver une certaine quantité de graines, elles suffiront aisément à en fournir aux autres curieux; d'ailleurs il est fort possible d'en tirer de nos îles d'Amérique. Une petite quantité servirait pour long-temps, puisqu'un grain seul, suivant le calcul que j'ai fait sur la petite quantité de feuilles que je cueillis sur un seul pied, doit fournir en différens temps, pendant le cours de l'année, de quoi faire deux ou trois bons plats; et pourvu qu'on réussisse à avoir de la graine, on pourra se consoler de voir périr la plante aux premières gelées, après en avoir joui pendant six mois et plus : mérite particulier que n'ont pas les nôtres, qui montent dans l'été presque aussitôt qu'ils sont levés. Rien n'est plus facile au reste que de la conserver l'hiver quand on a la place; il n'est question que d'en emporter au mois de mai au sortir de la couche où on la sème, en la quantité qu'on juge à propos, et d'avoir-soin de les arroser au besoin : les plantes n'y viennent pas, à beaucoup près, si fortes qu'en pleine terre ; mais elles ne laissent pas de donner une grande quantité de graines. Celle dont je parle a l'avantage de n'être point difficile à élever, et de croître avec une rapidité surprenante. Je ne sais si la graine leverait en pleine terre, on ne l'a pas éprouvé ; mais il est certain au moins que, replantée en terre au sortir de la-couche, elle y vient parfaitement ; c'est dans cette situation que je l'ai vue et admirée. Chacun pourra profiter de cette petite découvente comme il jugera à propos, et relativement aux éclaircissemens que j'en donne.

CHAPITRE XX.

Cardon (*).

581. LE cardon est la plus grosse de toutes les plantes potagères, et une des plus saines.

582. Sa racine est épaisse et charnue, formée en pivot, tendre et d'une saveur agréable quand

(*) *Cynara Cardunculus : L.*

elle est cuite. Sa feuille est longue de 3 , 4 et 5 pieds , quand elle croît en bon fonds , d'un vert d'eau , divisée en lanières larges et découpées , couverte d'un duvet blanchâtre , ayant des épines roides à tous ses angles. Il y a pourtant une es-pèce qui n'en a pas ; sa côte est large de trois doigts , épaisse et charnue , formée en gouttière ; sa tige est haute de 4 , 5 et jusqu'à 6 pieds , cannelée , cotonneuse , pleine , garnie de quel-ques rameaux , au sommet desquels est une tête aplatie dans sa base , et terminée en pointe, for-mées de grandes écailles qui sont armées d'épines roides à leur extrémité, et dont la base, qui tient au corps de la tête , est épaisse et charnue. Cette tête s'ouvre et s'élargit peu à peu , et enfin laisse paraître dans son milieu un groupe de fleurs bleuâtres, qui sont composées chacune de 5 par-ties , portées sur des embryons qui se changent ensuite en une semence oblongue, lisse et verdâ-tre , garnie d'aigrettes , de la forme et grosseur à peu près d'un grain de froment.

583. C'est sa feuille , ou , pour mieux dire, sa côte et sa racine , qui est la partie la plus ten-dre et la meilleure, qui font tout son mérite. On mange sa racine en gras et en maigre , et sur tout au jus dans les entremets : on la sert aussi sous l'aloyau et le gigot , et c'est un mets très-estimé des gens de goût ; le commun des hommes en fait

peu d'usage, parce que l'assaisonnement en est trop coûteux.

584. On ne lui a encore reconnu aucune propriété particulière pour la pharmacie ; sa fleur seulement a une vertu qui est de faire cailler le lait comme la présure, et on la préfère quand on le sait, car la présure a quelque chose en elle qui dégoûte. Cette fleur est bleuâtre, et se détache des pommes, qu'on laisse venir pour graine : on la fait sécher à l'ombre, et on en met une pincée, plus ou moins suivant la quantité de lait. La fleur de l'artichaut sauvage, qu'on nomme autrement la cardonnette, a la même vertu.

585. Il y a deux espèces de cardons, le commun, qu'on nomme le cardon d'Espagne, et le piquant, qu'on nomme le cardon de Tours, parce qu'il en est venu originairement. On en envoyait beaucoup autrefois à Paris, mais aujourd'hui nos maraîchers qui en élèvent les font venir aussi beaux et aussi bons qu'à Tours.

586. Les deux espèces diffèrent, en ce que le Tours est armé de toutes parts d'aiguillons très-pointus, que le commun n'a pas ; sa côte est aussi plus pleine, un peu rougeâtre, et il est moins sujet à monter, il est même plus tendre et plus délicat à manger, en sorte qu'il est très-préférable à l'autre ; la plupart des jardiniers évitent cependant d'en cultiver, parce que ses piquans leur en

rendent les approches difficiles : c'est aux maîtres de les encourager, et de forcer un peu leur timidité.

587. L'une et l'autre espèce se multiplient de graine, et se cultivent de la même manière. Les premiers, qui se mangent en mai, s'élèvent sur couche : on les sème sous cloche au mois de janvier, et quand ils ont deux bonnes feuilles, on les repique plus à l'aise sous d'autres cloches, et sur couche neuve qui ait 8 à 9 pouces de terreau. Si on veut les avancer, on les laisse sous cette seconde cloche, jusqu'à ce qu'ils soient bons à replanter en place sur une troisième couche, à laquelle il faut employer des fumiers courts et à demi consommés, tels que ceux des fiacres. On la charge d'un pied environ de terreau mêlé d'un tiers de terre ; et quand son plus grand feu est passé, on y range le plant en échiquier, à 2 pieds et demi ou 3 pieds de distance. On met une cloche sur chaque pied, jusqu'à ce qu'il soit bien repris, et on bâtit un petit treillage sur les deux bords, pour soutenir les paillassons, dont on les couvre pendant les nuits et les journées fâcheuses.

588. On observera de couvrir ces sortes de couches, de manière qu'il n'y ait rien derrière qui puisse être incommodé de l'ombrage de cette plante, et on leur donnera 4 pieds et demi de lar-

geur , sur 2 pieds et demi de hauteur , qu'on aura soin de réchauffer au besoin.

589. Pour tirer plus de profit de ces couches, on sème ordinairement entre les pieds des cardons , des raves et radis , ou telle autre plante qui n'est pas obligée d'y séjourner long-temps.

590. Le cardon demande beaucoup d'eau ; il faut être exact à lui en donner, et malgré même tous les soins qu'on peut prendre , on ne saurait guère éviter , dans cette première saison , qu'il n'en monte toujours quelques-uns , à quoi il n'y a point de remède. Ceux qui viennent à bien , dédommagent ; car ces premiers sont précieux.

591. Lorsqu'ils sont enfin venus au point de grosseur qu'on leur demande , on les lie dans un beau jour , quand les plantes sont bien sèches , avec trois ou quatre liens de paille bien serrés , et on les empaille avec de la grande litière bien secouée , qui vaut mieux que de la paille neuve. On lie tout de même cette litière, et on la serre le plus qu'on peut ; on laisse seulement à l'air l'extrémité des feuilles.

592. Pour les faire plus tôt blanchir, tant ces premiers que ceux qui leur succèdent , on leur donne quelque mouillure par-dessus, c'est-à-dire qu'on verse l'eau dans le cœur de la plante , au milieu de l'empaillage. Trois semaines après ils sont blancs , et on les coupe ; on retire alors toute

la paille, qui sert à en faire blanchir d'autres, après l'avoir fait sécher.

593. Pour en avoir qui succèdent à ces premiers, on en replante en pleine terre au mois de mars, du même plant qu'on a élevé sur couche, et on choisit la terre qui a le plus de fonds ; quand elle est nouvellement défoncée, ils en sont beaucoup mieux. On prépare la place en fouillant des trous d'un pied en tous sens, espacés de trois, qu'on remplit de fumier bien consommé, et de quelques pouces de terreau par-dessus ; un pied suffit dans chaque trou. On les arrose aussitôt plantés, et on les couvre, soit avec des pots renversés, soit avec quelques feuillages, jusqu'à ce qu'ils soient bien repris ; on leur donne ensuite un petit binage au pied, et on les mouille de 2 en 2 jours, plus ou moins, suivant leur force.

594. Il en monte toujours une partie, sans qu'on puisse l'empêcher ; les autres qui réussissent, sont bons à lier en juin et en juillet : on s'y prend de la même manière que je l'ai dit ci-dessus. J'ajouterai cependant qu'il faut beaucoup d'adresse et de précaution pour cette petite opération, tant pour ne pas casser les feuilles, que pour n'être pas maltraité des pointes aiguës qui sont hérissées de toutes parts, si c'est de l'espèce de Tours. Il est à propos pour cela d'avoir des bas et des culottes de peau, et des gants pareils ;

et quand les pieds sont forts , il faut être deux,
placés vis-à-vis l'un de l'autre : chacun de son côté
relève doucement les feuilles qui s'écartent tout
autour ; l'un des deux ensuite les embrasse toutes
avec les bras , et l'autre les lie : sans ces précautions on se déchire les mains , et on casse une
partie des feuilles , ce qui ôte la moitié du mérite
de la plante.

5g5. La seconde semence de cardons se fait à
la mi-avril, et ceux-ci servent pour l'automne et
l'hiver. On dresse des planches de 6 pieds de largeur, et on prépare des trous disposés et espacés
comme je l'ai dit ci-dessus : on y met 3 ou 4 grains
à 2 pouces de distance l'un de l'autre , qu'on enfonce un peu avec le doigt ; 15 jours ou 3 semaines après ils lèvent , et quand ils sont un peu
forts , on choisit les plus vigoureux pour demeurer en place , et on arrache les autres. Quelques
jardiniers en laissent deux , mais ce sont gens
mal entendus ; car ils se nuisent l'un à l'autre ,
et ne font jamais de beaux pieds. Il est à propos
cependant d'en réserver toujours quelques pieds
jusqu'à un certain temps, pour remplacer ceux
qui viennent à périr; car la fourmi rouge et le ver
de hanneton, dans certaines années, en détruisent
beaucoup ; la mouche leur fait aussi quelquefois la
guerre. Le seul remède contre ce dernier insecte,
c'est de les arroser souvent à la fin du jour.

596. Il faut les serfouir au besoin, et les arroser amplement pendant tout l'été, de la même manière que je l'ai dit. On commence enfin au mois d'octobre d'en lier quelques-uns des plus forts, qu'on empaille tout de suite, pour les faire blanchir, et on continue de huit jours en huit jours, suivant son besoin, jusqu'aux approches des gelées. Pour lors il les faut tous lier sans les empailler ; on les butte un peu en même temps, pour que les vents ne les renversent pas, et on les laisse sur pied tant qu'on peut, en les entourant grossièrement de litière, pendant les premières gelées ; mais lorsque enfin on ne peut plus reculer à les mettre en sûreté, il faut les arracher en motte. Ceux qui n'ont pas des serres commodes fouillent, dans le terrain le plus sec qu'ils peuvent avoir, une tranchée de 3 pieds de profondeur, sur 4 de largeur, et longue à proportion de la quantité qu'ils ont ; ils élèvent ensuite un peu de paille longue au bout de la tranchée, (c'est ce qu'on appelle un chevet de paille), et ils adossent 3 ou 4 pieds de cardon ; ils remettent par-dessus une autre épaisseur de paille, ensuite un rang de cardons, et ainsi du reste, tant qu'il y en a. Il faut laisser à l'air l'extrémité des feuilles, autant qu'on le peut ; mais quand la gelée devient un peu forte, on couvre alors toute la superficie de la tranchée avec de la grande

litière ou des feuilles, si on n'a rien de mieux ;
et si on a des paillassons, on les met en talus
par-dessus, pour empêcher que lés pluies ne
pénètrent dans le cœur des plantes, et ne les
fassent pourrir. Ils se conservent dans cette situation jusqu'au printemps, si on les préserve bien
des gelées et des humidités ; mais c'est à quoi on
ne réussit pas toujours.

597. A Tours, où on n'a pas l'abondance des
fumiers que nous avons ici pour les empailler,
on les fait blanchir dans la terre ; et voici la méthode des jardiniers. Ils sèment leur graine, comme nous, en mars ou en avril, et y apportent les
mêmes soins ; mais ils les disposent différemment. Ils donnent un intervalle de cinq pieds d'un
rang à l'autre, et les placent à deux pieds l'un de
l'autre ; ils occupent les intervalles en laitues,
chicorées ou autres plantes qui peuvent être levées
avant novembre, auquel temps, ayant besoin
de la terre pour les enterrer, ils fouillent cet
espace profondément, et adossent les terres contre les cardons, après les avoir liés jusqu'à l'extrémité des feuilles, c'est-à-dire à deux ou trois
pieds de hauteur, suivant leur force. Au bout de
trois semaines, ils se trouvent blancs, et dès-lors
il faut les consommer, sans quoi ils pourrissent ;
c'est pourquoi chacun s'arrange pour n'en faire
blanchir qu'à fur et mesure de la consommation

qu'il en peut faire; et de quinze jours en quinze jours ordinairement ils en enterrent une partie. A l'égard de ceux qu'ils veulent conserver pour l'hiver, ils les couvrent ou ils les portent dans la serre à l'approche des grandes gelées. Tous ceux qui n'ont pas facilement des fumiers, doivent suivre cette méthode.

598. Quand on a des serres, il faut les y enterrer en motte dans du sable frais, sans les empailler, à moins qu'on n'en soit pressé ; car ils blanchissent également sans paille , mais plus tard. Ils se trouvent à l'abri de tous les mauvais temps , et se conservent jusqu'au printemps , si la serre est bonne , et qu'on ait soin de leur donner de l'air aussi souvent que le temps peut le permettre. Cependant beaucoup de maraîchers ne les enterrent pas : ils les adossent seulement l'un sur l'autre contre un mur, avec l'attention de les visiter souvent , et de les nettoyer , je veux dire d'ôter proprement toutes les feuilles qui pourrissent. Ils connaissent ceux qui peuvent aller plus loin, et ils les mettent à part ; ceux qui pressent, sont ceux qu'ils portent aux marchés.

599. Pour en recueillir de la graine , il faut en laisser quelques pieds en place, et aux approches des gelées, les couper à quelques pouces de terre , et les couvrir comme les artichauts. Ils passent fort bien l'hiver, pourvu qu'on leur

donne un peu d'air quand il fait doux. Au mois de mars on les découvre tout-à-fait, et ils commencent bientôt après à faire leur tige, qu'il faut renverser du côté du nord, et lier à des échalas, comme je l'ai dit pour l'artichaut, pour que l'eau des pluies n'entre pas dans la pomme, qui pourrirait la graine. Pour l'avoir mieux nourrie, il ne faut laisser qu'une tête sur chaque rameau, et en couper toutes les autres, qui naissent en abondance. Lorsque enfin les têtes et la tige sont sèches, on les coupe et on les attache en paquets, qu'on accroche à un plancher jusqu'au besoin ; la graine s'y conserve beaucoup plus long-temps qu'étant vannée : elle est bonne jusqu'à dix ans. On observera que les mêmes pieds qui ont porté graine se conservent jusqu'à 8 à 10 ans, étant un peu soignés l'hiver ; et gens d'expérience m'ont assuré que plus le pied vieillissait, plus la graine qu'il rapportait avait de qualité.

600. A l'égard du cardon piquant, je dois observer que le plant de la graine qu'on recueille ici, dégénère considérablement : il faut la tirer de Tours, pour avoir la carde dans toute sa qualité.

CHAPITRE XXI.

(*) *Ognon.*

601. Il n'est rien de si connu que l'ognon, et de si généralement cultivé ; le nom est commun à la plante et au fruit. Sa racine, qui est le fruit même, est bulbeuse, composée de plusieurs tuniques, charnues intérieurement, et membraneuses à l'extérieur, de différentes couleur et figure suivant l'espèce ; garnie à sa partie inférieure de fibres blanches ; remplie d'un suc subtil et très-âcre, qui saisit jusqu'aux yeux, et les fait pleurer. Ses feuilles sont longues d'un pied ou environ, fistuleuses, cylindriques et pointues, d'une saveur âcre comme la racine. Lorsqu'il monte en graine à la seconde année, il pousse une tige nue, droite, haute de trois à quatre pieds, renflée vers son milieu, portant à son sommet une tête de la grosseur du poing, composée de fleurs en lis, dont chacune a six pétales, six étamines, et un pistil, qui se change ensuite en un fruit arrondi, partagé en trois loges, remplies de graines arrondies, anguleuses, noires à l'extérieur, et blanches en dedans.

602. Chacun connaît ses usages pour la vie,

(1) *Allium Cœpa : L.*

et ses propriétés sont telles, qu'il n'est presqu'aucun mets où il n'en entre au moins le suc ; et , quoiqu'il y ait des personnes qui le craignent , son goût, étant adouci avec les viandes ou les légumes , est supportable à ses plus grands ennemis ; et constamment il est peu de bonnes sauces sans le mélange de l'ognon. Il entre dans tous les sucs de viandes ; il sert dans les soupes, donne bon goût au bouillon , se mêle dans les salades vertes, se mange aussi en salade cuit à la braise, seul , ou avec la betterave , les câpres et les cornichons. Dans beaucoup de pays on l'aime si fort , qu'on le mange cru comme une pomme : il n'est point de légume enfin dont il se fasse une si grande consommation.

6o3. Ses vertus pour la santé ne sont pas moins remarquables : il est, de sa nature, pectoral et apéritif, et souverain dans plusieurs maladies. Dans la dernière peste de Marseille , il a guéri des pestiférés (52). La manière de s'en servir est de donner au malade le suc exprimé d'un ognon dont on a ôté le cœur , à la place duquel on a substitué un peu de thériaque, et qu'on a fait ensuite cuire au four, ou sous une tourtière. Aussitôt pris, on couvre bien le malade,

---

(52) C'est une grave et préjudiciable erreur, de laquelle on est revenu, depuis qu'en étudiant mieux les plantes on a constaté leurs véritables qualités.

et s'il est assez heureux pour suer, il est guéri sûrement ; pour double sûreté, on applique encore sur le bubon un pareil ognon, qu'on n'exprime point. Pilé avec du miel et du sel, il est encore souverain pour les morsures de chiens enragés. Un médecin célèbre de nos jours assure de même qu'un ognon coupé par rouelles, et infusé dans un demi-setier de vin blanc, pris les trois derniers jours de la lune, est un remède éprouvé pour la néphrétique. Cuit sous la braise, et mangé avec de l'huile et du sucre, il apaise aussi la toux, et soulage les asthmatiques. Écrasé avec un peu de sel, et appliqué sur une brûlure récente, il fait cesser la douleur, et empêche qu'il ne s'y forme des cloches : au premier, on peut en faire succéder un second, qu'on fera cuire sous la cendre, et qu'on pétrira en forme d'onguent ; on en enveloppe la partie brûlée avec un linge. Le cœur d'un petit ognon blanc cuit sous la cendre, et appliqué chaud sur une dent gâtée, apaise assez souvent la douleur. Dans la migraine, deux ognons hachés menu, et imbibés d'esprit de vin, appliqués sur la tête, dissipent le mal. Pilé et mêlé avec du beurre frais, il apaise aussi les douleurs d'hémorroïdes. Son jus exprimé, dont on imbibe un peu de coton mis dans l'oreille, arrête les bruissemens. Il ôte aussi les taches du visage ; et mêlé avec la graisse de poule, il dessèche les mules des talons ; on s'en sert encore pour laver les blessures , et il calme l'irritation. On guérit sûrement la colique néphrétique , en faisant prendre au malade un demi-se tier de vin blanc , dans lequel on aura fait infuser , pendant deux heures , un ognon coupé en morceaux ; et l'on est heureux quand le mal peut donner le temps à cette infusion. Mangé cru ou cuit , il est très-bon contre les douleurs du rhumatisme aux reins.

604. Voilà ses principales vertus, qui ont été souvent éprouvées ; il en a d'autres encore que je passe sous silence : c'est assez en dire pour faire connaitre le mérite de cette plante. Cependant son trop grand usage dans les alimens , au sentiment de quelques médecins , est nuisible , en ce qu'il provoque des vents et des maux de tête par les fumées qu'il y porte , et qu'il cause des agitations pendant le sommeil ; ils l'estiment particulièrement contraire aux tempéramens bilieux ; chacun doit s'apercevoir de l'effet qu'il lui fait, et en user conséquemment.

605. Il y en a neuf espèces très-distinctes, et j'en pourrais compter davantage, si je n'étais persuadé que celles que je laisse à part sont dégénérées des autres , et que la différence qu'on y remarque provient du climat, ou de la qualité des terres. Ces neuf espèces sont l'Ognon rouge

rond, le pâle; le blanc rond, dont il y a deux espèces, le hâtif et le tardif; le long, qui est de deux couleurs, rouge et blanc; l'Ognon d'Espagne de même, et le petit ognon de Florence.

606. L'ognon rouge est le plus généralement cultivé en Europe, parce qu'il est le plus gros, et qu'il se conserve le plus long-temps: sa forme est ronde, un peu aplatie; sa chair blanche, veinée de rouge, et sa couleur extérieure d'un rouge tirant sur le pourpre; c'est aussi celui qui a le plus de force, nouvelle raison pour laquelle ses amateurs le préfèrent à celui qui suit; mais il n'a pas le même crédit à Paris, où on ne veut rien dans les alimens qui domine tant; aussi il est fort peu employé; d'ailleurs sa couleur, qui devient violette quand il est cuit, déplait aux yeux: cependant on le préfère pour le jus. Les charcutiers s'en servent par préférence pour apprêter leurs marchandises.

607. Le pâle est formé de même, mais plus aplati: sa couleur extérieure varie; il y en a qui sont couleur de paille, tirant sur le citron, et d'autres d'un rouge pâle. Le premier est le plus estimé de ceux qui le connaissent, parce qu'il est plus doux; mais l'autre a l'avantage de se conserver plus long-temps: chacun par conséquent a son mérite et ses partisans, et c'est l'espèce dont il se fait le plus de consommation pendant l'hiver.

14*.

608. La culture de ces deux espèces est la même, et on les sème toutes deux dans le même temps ; communément ce n'est qu'à la fin de février, dans les terres légères ; et à la fin de mars, dans les terres fortes. On peut aussi les semer au mois d'août, et ils se repiquent en octobre ; ils sont plus tôt venus de cette manière, mais aussi ils ne se conservent pas si long-temps.

609. La terre doit être bien amendée, et plus le fonds est gras, mieux ce légume réussit ; dans les sables, il ne grossit pas. On doit bien se garder cependant de fumer la terre la même année qu'on le sème, le plant s'échauderait ; les terres qui ont servi à élever les choux l'année précédente, lui sont très-propres. Il faut que la terre ait un bon labour en octobre, et un second un mois avant qu'on ne sème : car sa graine ne demande pas la terre si fraîchement émouvée.

610. On la sème à la volée dans un beau jour, quand la terre est saine, et on en répand plus ou moins, parce qu'il en périt souvent une bonne partie en terre : la règle ordinaire est d'en mettre deux onces sur chaque planche de quinze toises de longueur sur six de largeur, sur quoi on peut se régler. On doit tâcher de la semer bien également, et dans un temps calme ; la manière de l'enterrer doit se régler selon les terres, et suivant ce qu'on a, ou ce qu'on n'a pas pour la couvrir :

en terre douce, quand les planches sont dressées,
et qu'on n'a rien à mettre par-dessus la semence,
il faut d'abord les marcher à pieds joints, répandre ensuite la graine, et herser légèrement après
avec la fourche, sans autre façon ; mais si on a
du terreau, on passe le râteau après la fourche,
en observant de passer fort légèrement, pour ne
pas déplacer la semence, et on étend le terreau
par-dessus le plus également qu'on peut : un travers de doigt suffit.

611. En terre forte, il est plus à propos de semer d'abord la graine sur le labour grossier, tel
qu'il est. On la marche ensuite en traînant un peu
les pieds, on herse après ; et, soit qu'on terreaute
ou non, il ne faut point y passer le râteau, les
pluies et les arrosemens battent trop la terre
quand elle est unie, et la font fendre. Il est à
souhaiter qu'on ait du terreau ou du menu fumier
dans ces sortes de terres, surtout quand elles
sont grasses et argileuses ; car elles se scellent et
s'endurcissent quelquefois au point que l'ognon
ne peut pas prendre son extension, et demeure
presqu'en ciboule : le terreau a encore l'avantage
de conserver la fraîcheur de la terre, tellement
qu'un arrosement fait plus d'effet que deux quand
il n'y a rien dessus.

612. Trois semaines après avoir été semé il
commence à lever, et quelque temps après il faut

le sarcler. Il est bon de le mouiller après cette façon, l'eau rassure les terres ; avant même que de le sarcler, si la terre est un peu sèche, il faut lui donner une mouillure, pour pouvoir plus facilement arracher les mauvaises herbes. On l'entretient d'eau, et on le sarcle une seconde et une troisième fois, s'il en a besoin ; et lorsqu'il est un peu fort, on l'éclaircit de manière qu'il y ait trois pouces de distance de l'un à l'autre ; c'est ce qui le fait venir gros et bien aoûté. Lorsque enfin il commence à tourner, c'est-à-dire à s'arrondir, il faut cesser de l'arroser, à moins d'une sécheresse extrême ; car le trop d'eau le rend tendre, et l'empêche de se conserver. Dans certains pays, on se dispense même de l'arroser dans aucun temps ; chacun doit sur cela consulter son terrain.

613. Quand il est tout-à-fait tourné, et à peu près à sa grosseur, il faut abattre et tordre la fane avec les mains, au-dessus du fruit, ou appuyer le pied dessus ; d'autres roulent un tonneau sur toute la planche. Tout cela est à peu près égal, pourvu que le cours de la sève soit interrompu, et demeure dans la racine, qui profite mieux (53).

_____

(53) Ce procédé est très-vicieux : il broie ou au moins froisse les ognons, qu'il dispose à s'échauffer et à pourrir.

Les gens d'Aubervilliers ne prennent pas cette peine, et leur ognon n'en est pas moins beau ; mais leur terrain leur donne des priviléges, comme je l'ai dit en d'autres occasions.

614. Lorsque enfin la fane commence à tomber sur le côté, dans le cas qu'on ne l'aura pas abattue, ou qu'elle commencera à jaunir, supposé qu'elle l'ait été, sans attendre qu'elle soit plus sèche, il faut l'arracher ; car il se conserve mieux à être tiré un peu vert, surtout le blanc. A mesure qu'on l'arrache, il faut couper la fane à deux bons pouces au-dessus du fruit, plutôt plus que moins : lorsqu'elle est coupée plus près, cela fait pousser le cœur ; et, comme il ne vient pas tout à la fois à son point de maturité, il faut le tirer en deux temps, pour qu'il soit tout pris au point qu'il doit l'être, et le laisser sur la terre étendu clair pendant huit à dix jours, pour achever de s'aoûter. Si on craint qu'il ne soit volé pendant la nuit, il faut l'approcher de la maison, et l'étendre dans une cour, ou sous quelque hangar, de manière qu'il ait de l'air, et qu'il puisse bien sécher. Ceux qui ont cette commodité de pouvoir le mettre à couvert, font encore mieux de l'y mettre tout de suite, que de le laisser en plein air ; car, lorsque la saison se trouve pluvieuse, les humidités lui font grand tort, et il ne se conserve pas ; c'est ce que j'ai éprouvé plus

d'une fois. Quinze jours après, il faut le retirer de là, et le porter dans le grenier, ou autre place qu'on lui destine pour demeure ; et quinze autres jours après qu'il est enfermé, il faut l'éplucher, c'est-à-dire ôter la terre qui peut y tenir, et toutes les pellicules qui se détachent (54), de même que les racines ; car ces sortes d'ordures inutiles l'échauffent quelquefois, et le gâtent ; la propreté d'ailleurs le demande. On doit aussi tous les mois le remuer, et ôter ceux qui commencent à germer ou à pourrir ; cette petite façon, qui lui donne de l'air, l'entretient sec.

615. Aux approches des grandes gelées, il faut le ramasser en tas, et le couvrir avec de la paille sèche ou des couvertures ; si on a négligé cette précaution, et qu'on ait été surpris par la gelée, il ne faut pas pour cela le croire perdu ; car il revient en son premier-état, pourvu qu'on ne le touche pas, jusqu'à ce qu'il soit bien dégelé ; il est pourtant vrai que cet échec lui ôte une partie de sa force, c'est pourquoi il est toujours prudent de le couvrir.

616. Il y a une autre manière d'élever l'ognon rouge, qui paraîtra surprenante ; mais elle n'est

---

(54) Les pellicules doivent être conservées avec soin, à moins qu'elles ne soient gâtées et humides. Ces enveloppes empêchent l'ognon de s'échauffer et dans les chocs le préservent de meurtrissures.

pas moins sûre, car je l'ai éprouvée. Lorsqu'on éclaircit, au mois de juin, les planches qu'on a semées en mars, on ramasse celui qu'on arrache, qui, le plus souvent, se trouve perdu ; on l'étend fort clair dans un lieu bien aéré, on l'oublie là ; on peut même le laisser en plein air dans le jardin, sur quelque plate-bande, jusqu'à l'automne, qu'on le met à couvert ; la fane sèche, mais le pied se conserve, et l'ognon se forme de la grosseur d'une aveline, quoiqu'il ne reçoive aucune nourriture de la terre, et qu'il soit en proie, pendant tout l'été, au soleil et à l'air ; remis en terre au mois de novembre, ou, si l'on veut, après l'hiver, il prend racine, et grossit de manière qu'il se trouve bon à la fin de mai. Il sert pendant l'été, mais il ne serait pas de garde pour l'hiver.

617. Pour avoir du même ognon au mois de mai, il y a un second moyen que j'ai pratiqué aussi plusieurs fois, et qui réussit de même, c'est d'en semer une planche plus ou moins grande dans la saison ordinaire, et de le semer si épais qu'il se touche. On le laisse venir sans l'éclaircir ni le mouiller, quelque besoin qu'il paraisse en avoir ; il faut simplement le sarcler : cet ognon qui se trouve pressé demeure petit à la grosseur d'une noisette ; on l'arrache quand il est à son point, et on le soigne du reste comme

je l'ai expliqué ci-dessus ; on le replante ensuite en février, et il se trouve bon en mai ; mais il faut avoir attention, à mesure qu'il pousse son montant, je veux dire le tuyau qui porte la graine, de le couper au niveau des dernières feuilles.

618. L'ognon est d'une nature si peu délicate, que dans certains terrains, sans prendre presque aucune des précautions dont je viens de parler, il vient parfaitement : nos maraîchers de St.-Denis et d'Aubervilliers, qui ont un fonds de terre parfait pour les légumes, ne font autre chose que de labourer à la charrue, et de le semer après. Leur méthode est de jeter dans chaque arpent une livre d'ognon rouge, deux de pâle, une de blanc, et une de poireau, le tout mêlé ensemble ; il réussit parfaitement sans autre façon que de le sarcler au besoin, car ils ne les mouillent jamais. Ils arrachent d'abord l'ognon blanc, qui est le premier mûr, le rouge ensuite, et le pâle après ; le poireau reste jusqu'à la mi-novembre, ils fouillent alors de petites tranchées , où ils se conservent tout l'hiver. Il faut louer la fertilité de leur terre ; mais comme il y en a peu de semblables, il ne faut pas se modeler sur eux ; chacun doit suivre ce que l'expérience a déterminé bon dans le terrain où il se trouve.

619. Il y a des années où la semence d'ognon périt en plus grande partie, et pour lors on est

obligé d'avoir recours à ses voisins pour n'être pas au dépourvu. On prend donc ce qu'on peut ramasser chez eux quand ils éclaircissent leurs planches, au mois de mai ou de juin, et on le replante; mais il y a une attention à avoir à cet égard: assez souvent cet ognon ainsi replanté réussit bien, assez souvent aussi il reste en ciboule. Chacun doit connaître son terrain; et ceux dont la terre, comme la mienne, ne souffre pas d'ognon replanté, ne doivent pas faire des frais perdus. Il y a une sorte de caprice dans les terres, qu'il serait bien difficile d'expliquer; j'en connais où ce légume ne fait bien qu'étant replanté, et beaucoup d'autres où il ne peut réussir que de semence; il faut suivre les indications de la nature, sans vouloir toujours lui demander raison de ses opérations.

620. J'ai dit tout ce qui pouvait concerner l'ognon rouge et le pâle; je passe au blanc. Il est de deux espèces, dont l'une est plus hâtive que l'autre; ils se distinguent par la fane, le tardif l'ayant beaucoup plus grosse que l'autre; du reste ils se ressemblent parfaitement. Ces deux espèces viennent communément un peu plus petites que le rouge; l'une et l'autre se cultivent de la même manière, mais ne se sèment pas en même temps. L'espèce hâtive se sème au mois de juillet et d'août, jusqu'à la mi-septembre,

quand c'est en terre légère comme nos marais,
et se replante en octobre, à trois pouces de distance. Il passe fort bien l'hiver, surtout si on
le couvre d'un peu de litière ou de feuilles sèches pendant les grandes gelées et dans le temps
de neige, et il prend son accroissement dès que
les beaux jour sreviennent. On le regarnit au mois
de mars s'il en a péri pendant l'hiver, et il se
trouve bon au mois de mai. On le sarcle au besoin, et on lui prodigue l'eau ; car n'étant pas
destiné à se garder, on ne doit chercher qu'à l'a-
vancer et à le faire grossir : cette espèce fournit
tout l'été ; mais quand l'hiver approche, elle est
fort sujette à pousser son germe ou à pourrir.
Pour ne rien perdre, il faut planter à des côtières, aux mois de novembre et de décembre, tous
ceux qui commencent à monter : ils soutiennent
fort bien tous les mauvais temps, et donnent leur
graine plus tôt que celui qu'on replante après
l'hiver ; ils se fournissent mieux, c'est-à-dire ils
poussent plus de montans. L'espèce tardive se
sème en février et en mars, et le fruit se conserve tout l'hiver ; pour le surplus, il faut le cultiver et récolter avec les mêmes précautions que
le rouge. Ces deux espèces sont les plus estimées
ici, d'autant que le fruit est plus doux ; c'est
aussi le seul dont on fasse usage depuis le mois
de mai jusqu'à l'automne ; il s'en consomme en-

core en hiver. On l'aime particulièrement à la grosseur d'une bonne aveline , pour garnir les soupes et différentes sortes de ragoûts. Il est aisé de l'avoir tel en le semant trés-épais ; et , quoiqu'il ne produise pas tant au boisseau , il n'est pas de moindre rapport , parce qu'il se vend toujours le double et le triple.

621. On doit observer, pour celui qu'on sème en juillet et en août, de ne plus l'arroser dès qu'il est une fois levé ; le trop d'humidité y engendre le ver qui le fait périr. On remarquera aussi que le premier qu'on sème en juillet ne tourne jamais si bien que celui qu'on sème le mois suivant ; le seul avantage qu'on y trouve , c'est que , quoiqu'il soit moins formé , il est plus tôt en état de servir que l'autre.

622. Au surplus, c'est suivant le terrain où on se trouve, qu'il faut se régler pour le semer plus tôt ou plus tard ; dans les terres légères, on doit moins se presser que dans les terres fortes. J'ai dit que l'espèce tardive se conserverait mieux pour l'hiver que la hâtive ; mais je dois expliquer que c'est autant que cette dernière a été semée avant l'hiver ; car, semée au mois de mars, elle va presque aussi loin que la tardive.

623. Il me reste encore à observer qu'il y a dans l'espèce hâtive des espèces particulières qui ont des qualités différentes : l'une , par exemple,

devance l'autre de quinze jours ou trois semaines ; c'est une espèce qu'on a tirée originairement du Grand-Caire ; certaine autre est plus dure, et résiste mieux aux humidités de l'hiver, aux neiges et aux gelées. Il s'en trouve une autre qui a le mérite particulier, étant replantée pour graine, de rapporter extraordinairement ; ensorte qu'un ognon pousse jusqu'à dix et douze montans, qui forment autant de têtes, pendant que d'autres n'en poussent qu'une ou deux. Une autre a le défaut de venir double ou jumelle ; ce qui la rend de mauvaise vente. Ce n'est qu'à la longue, je l'avoué, et après une étude particulière, qu'on peut connaître ces différentes qualités. Chacun, suivant l'idée que j'en donne, et relativement à ses vues, tâchera de se procurer les espèces qui lui conviendront le mieux, en s'adressant directement aux maraîchers, qui font un trafic particulier de ce légume, et qui sont instruits par leur expérience de toutes ces différences.

624. L'ognon long n'est guère connu aux environs de Paris, mais il l'est beaucoup en Provence ; il vient presque de la grosseur du poignet et porte jusqu'à huit pouces de longueur, égal en grosseur aux deux extrémités comme dans son milieu. Il y en a de rouge et de blanc, ce dernier est le plus doux et le plus estimé ; l'un et l'autre ne sont essentiellement bons qu'en salade, ou

mangés au sel, selon le goût des Provençaux. Ils se sèment au printemps, et se cultivent comme les autres; mais il y a peu de terres qui leur conviennent: on les conserve tout l'hiver.

625. L'ognon d'Espagne qu'on appelle aussi *ognon de Catalogne*, n'est bon de même que cru, étant fort doux; il est extraordinairement gros, et relevé en pointe, tant du côté de la racine que du côté du cœur; il y en a de blanc et de rouge; il ne se conserve pas long-temps: on le cultive aussi comme les autres.

626. L'ognon de Florence est un petit ognon blanc de la grosseur d'une noisette, extrêmement doux et tendre, qui, pendant tout l'été, se mange en vert dans la salade avec la laitue: on le refend en deux avec une partie de sa fane. C'est celui qui plaît le plus, et il a l'avantage de ne laisser presque aucun goût à la bouche. On le sème en plusieurs temps pour en avoir toujours de nouveau, et on le sème fort dru; il ne demande rien de particulier pour la culture, que d'être souvent mouillé.

627. L'ognon de toute espèce a un ennemi capital, qui est le ver à rossignol, et un autre petit ver blanc assez commun dans les terres légères, et dans les années sèches. Ces deux insectes sucent et rongent le pied, et font quelquefois périr des planches entières. Je n'y connais point

de remède. La taupe fait aussi de grands ravages lorsqu'elle s'y adonne dans les premiers temps qu'il lève ; il faut lui faire sentinelle pour la détruire. Il est encore sujet à nuiler ; c'est un mal dont on ne peut pas non plus le préserver, ni le guérir. Il en faut toujours semer plus que moins, et en différens endroits ; c'est la seule précaution qu'on puisse prendre pour n'en pas manquer.

628. Beaucoup de jardiniers sont dans le mauvais usage de mêler un peu de graine de laitue, de rave ou de carotte, dans leur semence d'ognon ; il est facile de s'apercevoir que cela fait tort à l'ognon, parce que ces plantes surabondantes consomment les sels de la terre (55), et par leur écart étouffent cette plante dans sa jeunesse : c'est donc une pratique qu'il est à propos de réformer.

629. La belle venue de l'ognon dépend, en bonne partie, de la qualité des graines, qui souvent ont mal mûri et ne sont pas pleines, ou qui sont trop vieilles, ce qu'on ne saurait distinguer ; et c'est sur quoi il faut être très-attentif : le plus sûr est de recueillir soi-même la graine. Elle se

---

(55) C'est une erreur : ces plantes ne consomment point *les sels de la terre*, mais elles nuisent par le développement de leur volume aux végétaux sur lesquels elles usurpent le terrein qui leur est destiné par le jardinier.

recueille aux mois d'août et de septembre, sur les pieds des ognons qu'on a plantés avant ou après l'hiver : car on peut les planter également dans les deux saisons, comme je l'ai dit ci-dessus. La meilleure place où l'on puisse les mettre, est aux côtières du midi ou du levant, à six pouces de distance, et à deux pouces environ de profondeur en terre. L'usage de beaucoup de jardiniers est de les mettre à fleur de terre ; mais, soit que leur méthode ne vaille rien en elle-même, soit que la différence des situations ou des terres y contribue, j'ai fait l'épreuve des deux manières dans un même rang : celui qui était à fleur de terre a nuilé, et l'autre est parfaitement bien venu. Je m'en tiens donc à mon expérience, et je conseille à tout le monde de faire de même, pour savoir plus sûrement à quoi s'en tenir. Il faut pourtant distinguer la saison où on le plante ; car celui qu'on plante avant l'hiver, demande d'être moins enterré que celui qu'on plante au printemps, par la raison des humidités qui le font pourrir lorsqu'il est trop avant en terre ; j'ajouterai encore, à cet égard, qu'il est fort dangereux de le planter avant l'hiver dans les terres humides, il vaut mieux attendre à la fin de février.

630. L'ognon ainsi planté commence à pousser sa tige au mois de mai ; sur la fin de juin, quand il est à peu près à sa hauteur, et que sa

tête est formée, il faut le soutenir, soit par des échalas auxquels on lie plusieurs têtes ensemble, soit par des lattes courantes ; car sans ce soutien la tige creuse et faible, est facilement renversée par les vents. Ceux qui ne trouvent aucun bois propre, doivent au moins les lier cinq à six têtes ensemble, avec de la paille ou du jonc. On doit prendre garde sur toutes choses, de ne pas les lier en tête, qu'ils ne soient arrivés à leur hauteur ; car, si on le fait plus tôt, la tige qui est arrêtée, ne pouvant pas s'élever, crève par le milieu, et périt.

631. Il faut les sarcler et arroser quelquefois dans les grandes chaleurs, sur tout lorsqu'ils sont plantés le long d'un mur. Il n'y a pas d'autre précaution à prendre jusqu'à la maturité de la graine, qui s'annonce en montrant à découvert le milieu de la tête ; et dès-lors il faut la couper, et laisser un pied de tige pour pouvoir les lier ensemble en paquets, et les suspendre au plancher ou contre un mur, la tête en haut, afin que la graine en séchant ne tombe pas. Mais préalablement, il faut les laisser sécher au soleil pendant quelques jours, étendues sur un drap ; la graine qui se détache naturellement est la meilleure, et on fait bien de la mettre à part ; pour le surplus, si on n'en est pas pressé, il faut le laisser tel qu'il est jusqu'au moment du besoin ; car la

graine se conserve jusqu'à quatre ans, demeurant ainsi dans sa bourre; et vannée sur-le-champ, elle ne passe guère la seconde année. Il est prudent d'en avoir toujours d'une **année** d'avance; car elle manque fort souvent par l'effet des nuiles qui s'attachent à la tige, et la font périr. On observera qu'elle est meilleure à semer la seconde année que la première; elle lève plus tôt, et le fruit tourne mieux: quand elle est si nouvelle, il en reste beaucoup en ciboule.

CHAPITRE XXII.

Ail. (*).

632. L'AIL est une espèce d'ognon dont on distingue deux espèces: l'ail ordinaire, et l'ail d'Espagne.

633. L'ail ordinaire est, à proprement parler, une bulbe couverte de membranes fort minces, blanches, tirant sur le purpurin, et formée de plusieurs tubercules joints ensemble, communément appelés *gousse*, enveloppés chacun séparément; d'une saveur fort âcre, d'une odeur

______

(*) *Allium Sativum : L.*

très-forte ; elle jette plusieurs fibres menues ou filets déliés, par où elle tire sa substance nourricière : ses feuilles sont vertes, oblongues, plaines et applaties comme celles du chiendent. Lorsqu'on replante une tête entière au printemps, elle jette une tige haute de deux pieds environ, lisse dans toute sa longueur, creuse et terminée par une tête pointue, enveloppée d'une membrane blanche, laquelle, en s'ouvrant dans la suite, laisse paraître des fleurs en lis, disposées en bouquet, et composées chacune de six pétales branchus ; le pistil occupe le milieu de chaque fleur, et se change en un fruit arrondi, de la grosseur d'un pois, de couleur purpurine en dehors, et dont la pulpe est blanche en dedans, d'une saveur et d'une odeur semblable aux tubercules de la racine, partagé en trois loges, et rempli de graines arrondies et noirâtres, qu'on sème au printems, et qui produisent de petits ognons, lesquels replantés l'année suivante grossissent et forment régulièrement leur bulbe. On comprend de là qu'il faut deux années pour les former, mais on ne s'assujettit guère à cet usage. Le plus ordinaire est de séparer tous les tubercules des bulbes, qui se trouvent au nombre de douze ou de quinze, et de les replanter au mois de mars dans des planches préparées, à quatre pouces de distance en tout sens, et à trois de profondeur. On peut aussi les mettre en bordure autour des planches d'ognons ou de ciboules ; on doit prendre garde de mettre le germe en haut. Il ne faut pas d'autre préparation à cette plante, toute terre et tout climat lui sont propres, du plus au moins ; et une fois plantée on l'abandonne, pour ainsi dire, à sa bonne fortune. Le germe sort en peu de jours ; et, après avoir poussé quelques feuilles, le tubercule prend son extension sans pousser aucune tige ; on l'arrache ensuite lorsque les feuilles sont desséchées.

634. L'ail d'Espagne, qui produit la rocambole, est une bulbe disposée, à peu de chose près, comme l'ail dont nous venons de parler ; elle se multiplie de même de ses tubercules ou gousses, qu'on replante au printemps, et qui poussent une tige de deux pieds environ ; les feuilles qui la précèdent sont, pour l'ordinaire, au nombre de cinq, figurées comme celles du poreau ; elles enveloppent la tige jusqu'à une certaine hauteur, elles s'en séparent ensuite et se renversent vers la terre, exhalant une odeur qui tient un peu de l'ail ordinaire., et un peu du poreau : la partie supérieure de la tige est nue, verte, lisse ; elle se replie et fait une ou deux spirales comme les serpens, et elle est terminée par une tête enveloppée dans une gaine blanchâ-

tre, et alongée en manière de corne, dont l'extrémité est en forme de bec, laquelle venant à s'ouvrir, laisse voir de petites bulbes qu'on nomme *rocamboles*, purpurines dans le commencement, ensuite blanchâtres, parmi lesquelles se trouvent des fleurs semblables à celles de l'ail. La plante en total a la même odeur que l'ail ordinaire, mais plus forte, en quoi elle plaît mieux à ses amateurs ; et comme le fruit qu'elle rapporte, fait un second profit, on la préfère en beaucoup de pays, d'autant qu'on n'a pas la même répugnance pour le fruit que pour la bulbe.

635. Toutes les gousses qu'on replante ne rapportent pas toujours du fruit, surtout lorsqu'elles sont petites ; et en ce cas, les bulbes qu'elles produisent, viennent beaucoup plus grosses et plus tendres que celles qui fruitent. Ceux qui préfèrent les pieds à la tête, doivent par conséquent choisir les plus petites.

636. Ce n'est pas des gousses seulement que cette seconde espèce se multiplie ; on peut semer la graine, qui est la rocambole même ; elle produit dans la même année un petit ognon rond de la grosseur d'une noisette, qu'on arrache au mois de juillet suivant ; et qui, replanté au printemps qui suit, donne des têtes plus belles même que celles qui se produisent par les gousses. La

maturité de la bulbe, ainsi que de la rocambole, s'annonce à la tige qui se déssèche plus tôt ou plus tard, suivant la saison où les gousses ont été plantées ; et dès lors il faut les arracher, et les laisser encore quinze jours exposées au soleil ou au grand air ; après quoi on sépare les bulbes qui ont leur usage particulier, et on lie les têtes en paquet, pour s'en servir de même aux usages qui leur sont propres.

637. Cette espèce de fruit est de fort peu d'usage dans ce pays pour la cuisine ; l'on craint en général son goût, et on n'ose presquese présenter nullepart quand on a mangé quelque chose qui a le moindre soupçon d'ail: mais ce pays ne fait pas la règle pour tous les autres ; et autant son goût y est redouté, autant il plaît dans la plupart des provinces, et dans une grande partie de l'Europe. Tous les pays chauds, l'Italie, l'Espagne, la partie d'Afrique et les lieux circonvoisins, l'Allemagne même, ne trouvent rien de bon si l'ail n'y entre pour quelque chose ; on en frotte son pain à défaut d'autres ragoûts : c'est le goût décidé de toutes ces nations ; et outre le plaisir qu'elles y trouvent, elles ont la confiance que cette plante a la vertu de les préserver d'une infinité de maladies ; et il est à présumer que cette confiance, qui est aussi ancienne que leur origine, n'est pas fondée sur de simples préjugés. Il s'est pour-

tant trouvé de grands médecins qui ont contesté ses vertus, et qui lui en ont même attribué de mauvaises ; mais dans les débats de sentimens, il me semble que l'ancienneté des pratiques et la pluralité des suffrages doivent l'emporter.

638. Enfin, c'est une opinion presque générale, que l'ail est un contre-poison des plus efficace, et un préservatif assuré contre le mauvais air ; on en porte une tête dans la poche, et on en met une gousse dans la bouche, lorsque par état, ou pour autre raison, on est obligé d'approcher un malade (56). L'ail est encore excellent pour la colique venteuse, pour pousser le gravier et les urines, pour calmer les douleurs de la pierre, et pour résister à la malignité des humeurs ; on en fait bouillir quelques gousses dans du lait qu'on boit, ou bien on prend cette décoction en lavement : on peut aussi l'appliquer en fomentation sur le nombril ; et de cette dernière manière, il sert avec succès pour tuer les vers des enfans ; il réchauffe l'estomac et réveille l'appétit ; il est cordial en même temps. Un grand médecin ne guérissait les pestiférés qu'en les faisant suer au moyen de deux onces

---

(56) Ces propriétés sont fort exagérées. l'Ail, surtout lorsqu'on se borne à le porter dans sa poche, n'est pas un spécifique contre la peste, ni même contre les maladies épidémiques. Quand à l'ancienneté des pratiques et à la pluralité des suffrages, que sont-elles contre l'expérience?

d'hydromel , dans lequel il faisait bouillir de l'ail, et ce remède est particulièrement en usage chez les Hongrois. Dans les grandes tranchées, quelques verres d'eau tiède , dans laquelle on a jeté une gousse d'ail haché , les apaisent très-promptement. L'ail est favorable aussi aux scorbutiques, aux hydropiques , et aux asthmatiques, pris en infusion dans un demi-setier de vin blanc: une seule goutte suffit ; mais on en met trois, si on n'aime mieux le prendre dans une chopine de lait qu'on fait bouillir. Il facilite aussi la digestion ; et les gens de travail, tels que les matelots, les soldats et les paysans, qui se trouvent réduits à se nourrir d'alimens grossiers , ou à boire des eaux crues et corrompues, font fort bien d'en faire usage , et c'est pour cela que Galien l'appelait la thériaque des pauvres. Une tête entière, pilée dans un mortier, et réduite en onguent avec un peu d'huile d'olive versée dessus peu à peu , est un puissant résolutif pour les humeurs froides, et pour faire tomber les cors des pieds ; on s'en sert aussi pour adoucir le cancer, et c'est ce qu'on appelle *la moutarde du diable*. Le même onguent, appliqué sur le nombril des enfans, fait mourir les vers. Le suc de l'ail, mêlé avec du miel et du beurre frais , guérit la teigne et la gale la plus opiniâtre ; et lorsqu'il est mêlé avec du salpêtre et du vinaigre , il fait mourir les poux. Une gousse d'ail pilée, et coupée par morceaux, qu'on introduit dans les oreilles, apaise le mal de dents. Tant de vertus, qui ont toutes été éprouvées et attestées d'un grand nombre de médecins, méritent bien que cette plante ne soit jamais oubliée dans un potager ; quand même on n'en voudrait faire aucun usage dans les alimens. Il faut observer cependant, au sentiment de M. Geoffroy, que toutes ces différentes préparations de l'ail, soit externes, soit internes, ne conviennent point dans certains cas, comme lorsqu'il y a un catarrhe d'une humeur ténue et âcre, un crachement de sang, une grande chaleur d'entrailles et un bouillonnement dans le sang.

CHAPITRE XXIII.

Echalote (*).

639. L'ÉCHALOTE est une espèce d'ognon ; ou, pour m'exprimer autrement, c'est un assemblage de plusieurs bulbes unies ensemble, un peu plus grosses qu'une aveline, et portées

(*) *Allium Ascalonicum : L.*

sur un paquet de racines fibreuses. Ces bulbes sont alongées, d'un rouge pâle à l'extérieur, et blanches en dedans, ayant le goût et l'odeur approchant de celui de l'ail, mais moins forte et plus agréable. Ses feuilles sont nombreuses, longues, menues, cylindriques et fistuleuses, de même saveur et odeur à peu près que la bulbe : elle ne porte ni tige, ni fleurs, du moins je n'en ai jamais vu ; et je crois que M. Lémery s'est fort trompé à cet égard dans la description qu'il en a faite.

640. Il y en a deux espèces, la commune et la grosse, qui se ressemblent dans tous les points que je viens d'articuler, à la grosseur près. La bulbe de cette dernière est une fois plus grosse que la première, et ses feuilles sont presque aussi fortes que celles de la ciboule. On comprend de là qu'elle est d'un meilleur rapport que l'autre ; mais elle n'est encore que dans les mains de quelques curieux, et je ne saurais dire d'où elle nous est venue : on doit être empressé de la connaître et de la multiplier.

641. Cette plante, j'entends la bulbe, est d'un grand usage dans toutes les cuisines ; elle excite l'appétit, et pique agréablement le goût ; on la mêle dans la plupart des sauces, tant en gras qu'en maigre, et elle s'allie particulièrement bien avec l'huile et le vinaigre : elle ne

laisse point de goût après elle, comme l'ognon et l'ail, quand on en a mangé; et c'est en quoi elle plaît mieux à beaucoup de personnes. On ne fait point usage de sa feuille.

642. Sa bulbe est fort apéritive; on s'en sert quelquefois dans la médecine pour les esquinancies, et l'usage en est bon à ceux qui ont la pierre et qui sont sujets à des rétentions d'urine; on prétend aussi qu'étant pilée et appliquée sur les morsures des chiens enragés (57), elle en empêche les suites fâcheuses. Elle est bonne encore pour préserver du mauvais air, et on s'en sert au défaut de l'ail.

643. Cette plante se multiplie de ses tubercules, qu'on sépare comme ceux de l'ail, et on les plante au commencement de mars, en bordures ou en planches, à quatre pouces de distance en tous sens, avec l'attention de ne les enterrer qu'à fleur de la superficie du terrain. Quatre jours après on voit pousser le germe, et dès le mois de mai on commence d'en faire usage; mais, pour les conserver, il faut attendre

----

(57) Il serait funeste d'avoir confiance dans un tel secours. Le seul connu jusqu'à ce jour, le seul certain, et encore faut-il y avoir recours sans retard, est le traitement préservatif par les incisions, les suppuratifs, l'amputation, et l'application du feu et des caustiques.

à les arracher jusqu'à ce que la fane soit tout-
à-fait sèche, et c'est ordinairement sur la fin de
juin ; elles se conservent parfaitement tout l'hiver, pourvu qu'on les ait laissées bien sécher
avant de les enfermer, et qu'on les tienne dans
un lieu sec. Sa culture ne demande aucun soin
particulier ; beaucoup de jardiniers les plantent
autour des planches d'ognons, et elles sont
fort bien dans cette disposition, pourvu que le
terrain leur convienne ; car j'observerai à cet
égard qu'elle ne réussit pas dans toute sorte de
terre, étant sujette fort souvent à nuiler et à
pourrir dans le pied. Je ne sais d'où cela dépend précisément, ni quelle sorte de fonds lui
est plus favorable ; car je l'ai vue plus d'une fois
réussir et manquer tour à tour dans les terres légères, et avoir le même sort dans d'autres plus
grasses. Je crois que sa réussite dépend en meilleure partie des temps qui surviennent (58).
Chacun éprouvera dans son terrain la place qui
peut le mieux lui convenir ; et pour plus de sû-

---

(58) L'échalote prospère toujours, lorsqu'elle n'est
pas trop pressée, lorsque son pied est aussi dégarni de
terre qu'il est possible de le faire, pourvu qu'elle ne soit
pas exposée à de trop longues pluies, qui finiraient par
la faire pourrir ; comme elle s'échaufferait et fermenterait
si elle était trop profondément enfoncée dans la terre.

reté on peut en mettre en différens endroits : si elle ne vient pas bien dans l'un, elle peut mieux venir dans l'autre. Au surplus, on doit avoir attention, quand on les plante, de choisir les tubercules les plus déliés et les plus allongés ; la bulbe en sera plus belle.

CHAPITRE XXIV.

Ciboule (*).

644. Cette plante est annuelle ; il y en a trois espèces, la commune, la ciboule de S. Jacques, et la vivace. La racine de la première est un assemblage de plusieurs bulbes unies ensemble et alongées, ne formant ensemble qu'un seul paquet de racines chevelues et blanches ; ses feuilles sont menues, longues de huit à dix pouces, cylindriques, fistuleuses et pointues, d'une saveur âcre ; sa tige est nue, droite, haute de deux à trois pieds, renflée vers le milieu, portant à son sommet une tête formée comme celle de l'ognon, mais petite, composée de fleurs en lis de couleur blanche, dont chacune a six petites étamines et

(*) *Allium Fissile ; L.*

un pistil, qui se change en un fruit arrondi, partagé en trois loges, remplies de graines arrondies, anguleuses et noires.

645. La seconde diffère en ce que ses feuilles sont plus courtes, plus renflées dans le milieu, et plus renversées sur terre ; sa saveur est plus forte ; mais sur tout le reste même ressemblance.

646. La troisième espèce, qui est vivace, ressemble en tout à la première.

647. On emploie indifféremment les trois espèces dans la plus grande partie des ragoûts, tant en gras qu'en maigre, dans les œufs et dans les légumes de toute espèce. On la mange aussi en salade avec la laitue lorsqu'elle est jeune, et c'est une des plantes les plus nécessaires pour la cuisine.

648. On s'en sert dans la médecine aux mêmes usages que de l'ognon, auquel on la substitue quelquefois au besoin, ayant à peu près les mêmes qualités et propriétés.

649. La première espèce, qui est la plus généralement cultivée, se sème depuis la fin de février jusqu'au mois d'août, et plus elle est nouvelle, plus elle est délicate ; c'est pourquoi on en sème dans tous les mois pendant la belle saison ; cependant il faut observer que la première semée est la meilleure pour passer l'hiver : celle qu'on sème en juillet et août est fort sujette à

périr si on ne la couvre pas ; elle a, par-contre ,
l'avantage, lorsqu'elle a résisté aux gelées , de
se conserver bonne au printemps beaucoup plus
long-temps que celle des premières semences,
qui monte en graine fort promptement.

650. La meilleure manière de la conserver et
de la rendre plus profitable pour l'hiver, c'est
d'en repiquer au mois de juin de la première semence ; quand elle est replantée plus tard , le
ver en détruit beaucoup. On dresse des planches, et on trace de petits rayons à huit pouces
de distance ; on en joint trois ou quatre pieds
ensemble , et on espace les touffes à demi-pied
l'une de l'autre , enfoncées de quatre bons pouces : ces petites touffes grossissent considérablement, et fournissent abondamment jusqu'au
printemps ; elles suppléent même au défaut de
l'ognon, quand on vient à en manquer.

651. Aux approches des gelées, on en arrache une certaine quantité qu'on porte dans la
serre ; ou , à défaut de serre, on fait dans le jardin une tranchée de sept à huit pouces de profondeur, et on l'enterre près à près , en la couvrant de litière sèche, en telle quantité que la gelée ne puisse pas y pénétrer , et qu'on puisse toujours avoir la facilité d'en retirer au besoin.

652. Les maraîchers replantent des chicons
dans les mêmes planches où ils sèment leur ci-

boule, pendant les mois de juin et juillet; et comme les chicons sont retirés six semaines après avoir été plantés, ils ne portent presque aucun préjudice à la ciboule, et ils font par-là double récolte dans la même terre; ceux à qui le terrain est précieux peuvent pratiquer la même chose.

653. La culture de cette plante n'a rien d'ailleurs que de fort ordinaire, et toute sorte de terre lui convient, pourvu qu'elle soit bien préparée: on sème la graine assez épaisse, on la herse bien après, et on donne un coup de râteau par-dessus; si la terre est forte, on recouvre la planche d'un pouce de terreau, on la mouille au besoin et on la sarcle; il n'y a pas d'autre précaution à prendre; elle nuile quelquefois ou elle est mangée par les vers, à cela point de remède que d'en semer d'autre.

654. La ciboule replantée est la meilleure pour graine, parce qu'elle a plus de corps, et qu'elle fait sa tête plus grosse et mieux nourrie; il faut par conséquent en réserver en place une planche, plus ou moins, qu'on laisse monter au printemps; lorsque la tige est tout-à-fait formée, on la soutient, soit avec des lattes courantes, soit avec des échalas, auxquels on en lie plusieurs têtes ensemble, et au défaut de lattes et d'échalas, on les attache avec du jonc et de la paille. On la coupe aussi au mois d'août, lorsque

la graine commence à se découvrir et à sortir de sa loge ; on la laisse encore sécher au soleil pendant quelques jours, étendue sur un drap ; on la frotte ensuite avec les mains, on la vanne et on l'enferme ; mais il est mieux de la laisser dans sa bourre jusqu'à ce qu'on en ait besoin : elle s'y conserve mieux et dure quatre ans ; au lieu que vannée elle n'est bonne que pendant deux ans : elle ne diffère de celle de l'ognon que par la grosseur, qui est un peu moindre. Après qu'on a cueilli la graine, si on n'a pas besoin de la place, il faut couper le tuyau et toute la fane à fleur de terre, le pied repousse de nouveaux rejetons, et redonne encore de la graine l'année suivante, quelquefois même il en donne trois ans de suite ; c'est ce que j'ai éprouvé.

655. La ciboule de S. Jacques a un avantage sur la commune, en ce que le ver ne s'y met point, et qu'un pied fait autant d'effet dans les alimens que le double de l'autre ; elle n'est pas sujette non plus à périr l'hiver, quelque rigueur de temps qu'il fasse ; j'entends le pied, d'autant que sa fane sèche et disparaît dès le mois d'août, et ce n'est qu'au printemps suivant qu'elle ressuscite. Alors on la voit pousser à vue d'œil, elle forme des touffes extraordinairement grosses, qui fournissent abondamment, et qui sont plus tardives à monter en graine que les

autres espèces : on ne la cultive pas différemment de la premiere, à l'exception qu'il n'y a qu'une saison pour la semer, qui est le printemps.

656. La ciboule vivace ne porte point de graine, et ne se multiplie que de ses rejetons, qu'on détache des vieilles touffes, et qu'on replante de même au printemps et en automne ; elle se conserve bonne pendant dix ans. On la plante à 7 ou 8 pouces de distance en tous sens dans les planches préparées ; un seul pied suffit et en produit 10 à 12, dans le courant de l'année, qu'on détache peu à peu, à mesure qu'on en a besoin, sans détruire la touffe en entier ; le peu qu'on laisse reproduit de nouveau, et fournit d'année en année pendant sa durée ; si on aime mieux cependant en replanter tous les ans de la nouvelle, cela est égal.

657. Outre ce mérite, elle a celui de pousser plus promptement que l'autre au printemps, quoiqu'elle se dépouille dans l'hiver ; pendant le gros de l'été sa fane sèche tout de même si on ne la mouille pas exactement ; mais à l'automne elle reverdit. Elle résiste enfin à toutes les intempéries des saisons, et fournirait sans discontinuation toute l'année, si on vouloit y donner quelques soins pour l'entretenir en vigueur ; ces avantages la rendent préférable à l'autre, et lui tiennent attachés ceux qui la connaissent ; nos maraîchers cependant ne la cultivent guère, et donnent

pour raison qu'elle est plus dure que l'autre ; mais le fait est qu'ils veulent que la même planche leur rapporte trois ou quatre choses différentes tous les ans, ce que la nature de cette plante ne permet pas. Sa culture n'a rien de différent de l'autre : on la serfouit de temps en temps, et on la nettoie de ses mauvaises feuilles, particulièrement à l'entrée du printemps ; ceux qui n'ont que cette espèce en arrachent aux approches des gelées, et la mettent à couvert soit dans la terre, soit dans une tranchée, comme je l'ai expliqué pour l'autre.

658. Il y en a une seconde espèce qui n'est presque pas connue en France, mais qui est assez commune en Hollande et en Allemagne ; elle se multiplie comme l'échalote, et forme un assemblage de petites bulbes au nombre de 60 ou de 80 très distinctes les unes des autres, dont on se sert aux mêmes usages que de l'ognon ordinaire. Une seule forme cette quantité, depuis le mois de novembre qu'on la met dans terre jusqu'au mois d'août qu'on l'arrache ; on la laisse sécher comme l'échalote, et on l'enferme sèchement ; elle se conserve tout l'hiver, et on n'en fait plus d'usage comme ciboule ; passé le mois de juin le pied commence alors à tourner en ognon. On peut considérer cette espèce autant comme ognon que comme ciboule.

CHAPITRE XXV.

Cive (*).

659. Il y a trois espèces de Cives, la Cive de Portugal, la grosse Cive d'Angleterre, et la petite qu'on nomme autrement civette. Elles ne diffèrent que par la grosseur de la feuille : ainsi la même description servira pour les trois, en observant que l'espèce de Portugal est celle qui vient la plus forte. Sa fleur est aussi plus élevée et plus allongée.

660. La racine de cette plante est un assemblage de petites bulbes à peu près comme l'échalote, mais qui se forment en plus grande quantité, et qui ne sont point enveloppées de même, n'étant liées ensemble que par des racines, qui sont des fibres blanches et déliées comme celles de la ciboule ; sa feuille est longue, cylindrique et fistuleuse, extrêmement menue, d'une odeur et d'une saveur approchant de la ciboule. Elle pousse quelquefois une petite tige, terminée par un paquet sphérique de petites fleurs purpurines, de la grosseur d'une aveline ; à ces fleurs succède

(*) *Allium Schœnoprasum : L.*

une petite graine, renfermée dans le calice de la fleur.

661. La feuille de cette plante sert assez fréquemment au printemps dans les fournitures de salade, et quelquefois dans les omelettes ; je ne lui connais pas d'autre usage ni propriété ; les auteurs en médecine n'en ont pas parlé.

662. La cive se multiplierait de graine au besoin ; mais il est facile de la multiplier de ses rejetons, c'est-à-dire qu'on sépare les vieilles touffes, qui en composent jusqu'à 5o, et chaque tubercule qu'on replante forme à son tour une touffe dans la même année ; mais pour l'ordinaire on en laisse 2 ou 3 ensemble ; c'est au mois de mars qu'on la replante. Dès qu'elle commence à pousser, on la met en planche ou en bordure à 8 ou 9 pouces de distance ; elle demande une terre meuble et bien préparée, et se soutient dans la même place pendant 4 ou 5 ans. Il faut la sarcler au besoin, la mouiller dans les sécheresses et la serfouir de temps en temps, principalement au printemps. A la fin de l'automne on coupe toutes ses feuilles à fleur de terre, et on la couvre d'un pouce de terreau, qui la dispose à pousser plus tôt et plus vigoureusement au printemps suivant ; plus on coupe la feuille, plus elle en repousse ; et plus elle est nouvelle, plus elle est tendre.

CHAPITRE XXVI.

Porreau (*).

663. Cette plante, que les uns nomment *poireau* et d'autres *porreau*, forme un corps droit, uni et compacte, qui est composé de feuilles pressées et collées les unes sur les autres, et tournées en rondeur de la grosseur du doigt ; elle s'élève à près d'un pied et demi ; et conserve même consistance à 6 ou 8 pouces de terre ; elle se développe ensuite, et jette des feuilles, dont les pointes se replient contre terre, lesquelles sont longues, étroites et formées en gouttière, d'un vert bleuâtre, lisses et assez épaisses, portant une odeur forte et peu agréable. Tout ce qui est en terre vient blanc et tendre, et c'est le meilleur : le surplus est vert ; cependant on l'emploie comme le pied, tant qu'il a consistance. Sa racine n'est qu'un groupe de filamens blancs et fort multipliés, à peu près comme ceux de l'ognon.

664. C'est dans les soupes essentiellement

(*) *Allium Porrum : L.*

qu'il est employé, et c'est une des plantes dont on se sert le plus communément: on en mêle aussi dans les purées de pois, et dans les étuvées; mais il n'est pas ordinaire d'en faire aucun apprêt particulier. Il ne serait pas même sain d'en faire un trop grand usage, étant certain qu'il engendre des ventosités et de mauvaises humeurs : on l'accuse encore de produire d'autres effets extraordinaires pendant la nuit; mais je ne le dis que d'après quelques auteurs qui ne font pas la loi, et sans autre certitude que leur témoignage.

665. Ses propriétés pour la médecine sont fort au-dessus de ses usages pour la vie ; il est apéritif, résolutif et béchique : c'est un des plus souverains remèdes dans la pleurésie. On fait cuire sous la cendre, dans une feuille de chou, une ou deux poignées du blanc, qu'on applique sur le côté ; ou bien, on le fricasse dans la poêle avec de bon vinaigre. Cru ou pilé, ou bouilli légèrement et appliqué sur les tumeurs des articles, il les dissipe. Les bouillons aux porreaux et aux navets sont bons pour l'extinction de la voix et les faiblesses de poitrine; on en fait encore un sirop, favorable aux pulmoniques. La semence est aussi apéritive que la plante; on en donne, pour les mêmes maladies, un gros, qu'il faut concasser et faire infuser dans un verre de vin. Les

feuilles cuites et appliquées sur les hémorroïdes enflées, les détendent et emportent l'inflammation. J'ai lu qu'une poignée de sa graine mise dans un tonneau de vin l'empêchait d'aigrir, et corrigeait l'aigreur, quand il y en avait ; mais je n'en ai pas fait l'expérience.

666. Il y a deux espèces de porreaux, le long et le court, qui n'ont d'autre différence entr'eux que la longueur. Le long cependant est le plus cultivé, parce qu'il fournit davantage par sa longueur ; mais aussi le court a le mérite de mieux résister aux gelées ; et, pour la fin de l'hiver, on doit toujours le préférer ; il **a encore** cet avantage que le ver ne s'y attache pas tant. Le long doit occuper la scène jusqu'aux gelées.

667. Ces deux espèces proviennent, suivant toute vraisemblance, du porreau sauvage, qu'on trouve communément dans les vignes ; c'est la culture qui les a perfectionnées comme elles le sont.

668. On les cultive fort aisément ; la graine se sème au mois de mars dans une terre meuble et bien préparée : on la herse après l'avoir semée, et on la terreaute ; mais on la marche préalablement, pourvu que la terre soit saine ; on la mouille pour aider la semence à lever, et on continue suivant le besoin. On sarcle exactement le plant, et on le replante à la fin de juin, quand il est de la grosseur d'une plume à écrire, ou un

peu plus ; mais , si on veut l'avancer, on peut le planter dans les premiers jours de ce mois.

669. On dresse les planches de telle largeur qu'on veut ; et on observe de mettre les rangs à six pouces l'un de l'autre , et d'espacer les pieds de quatre pouces seulement. Il faut d'abord avoir mouillé la planche avant que de l'arracher, pour la facilité de le tirer ; on coupe ensuite la moitié de la fane et toute la racine , le plus près qu'on peut du talon. Après cette petite préparation, on le plante au plantoir, qu'on enfonce à six pouces, et dans chaque trou on fait couler un porreau, sans presser aucunement la terre contre le pied: on l'arrose amplement aussitôt après, et l'eau qui descend dans les trous entraîne autant de terre qu'il en faut pour le moment. On continue de deux en deux jours ; car c'est une des plantes qui demandent le plus d'eau. Il reprend bientôt, et si facilement que trois jours après on voit allonger la feuille ; quelque temps après on le serfouit, et on lui rogne ses feuilles deux ou trois fois pendant l'été (59). Cette petite façon contribue beaucoup à faire grossir le pied: il profite jusqu'au

(59) Ce procédé et celui de couper la racine, lorsqu'on replante le porreau , peuvent être sans inconvénient sensible dans les années humides, et lorsque le terrein est très-gras. Dans toutes les autres circonstances, il faut s'abstenir des amputations, qui fatiguent les

commencement de novembre ; mais si on veut en manger plus tôt, il est également bon ; et nos maraîchers, qui ont l'art de l'avancer, en portent d'assez gros au marché dès le mois de juillet. Dans quelques provinces on le mange tout vert dans sa première jeunesse, sans avoir été replanté, et on le préfère à celui qui est blanc : chacun peut se satisfaire à cet égard, le goût est le même en tout temps.

670. Aux approches de janvier, on arrache la grande espèce, qui est fort sujette à périr sur pied, et on l'enterre après dans une petite tranchée, qu'on couvre de litière pendant les gelées ; mais on laisse le court en place, parce qu'il résiste aux mauvais temps, et qu'il se conserve bon jusqu'à ce qu'il monte en graine, c'est-à-dire jusqu'au mois de mai. On a soin cependant d'en arracher certaine quantité qu'on enterre dans la serre, pour fournir pendant les gelées, si on n'a pas de la grande espèce enfermée.

671. On marque après l'hiver la quantité qu'on veut laisser monter en graine, et on détruit le surplus si on en a trop. Il commence au mois de mai à pousser sa tige, qui s'élève à quatre ou cinq pieds, et qui porte à son extrémité une espèce de houppe très-grosse, garnie dans toute

___

plantes et empêchent un accroissement qu'on prétend faussement accélérer.

sa circonférence de fleurs purpurines, formées en clochettes, auxquelles succède une coupe triangulaire, qui renferme la graine dans trois loges séparées. Cette graine est de couleur noire, figurée à peu près comme celle de l'ognon, mais plus grosse; on la coupe quand les coques commencent à s'ouvrir, et on la met sur un drap, pour achever de mûrir. Celle qui se détache naturellement est la meilleure; et pour tirer l'autre, on la met dans une manne d'osier, et on la frotte contre les bords; on la vanne ensuite, et on l'enferme. Elle est bonne pendant 2 ans; mais si on la garde dans sa coque, attachée à un plancher, comme quelques-uns le font pour l'ognon, elle se conserve trois ou quatre ans.

672. Comme cette plante use extrêmement la terre, elle demande, après, une bonne fumure, pour pouvoir produire autre chose; elle est fort sujette aussi dans certaines années à être mangée par un petit ver blanc, qui s'engendre dans le cœur, à quoi on ne saurait remédier. On regarnit à mesure qu'il en périt, et on a attention pour cet effet de conserver toujours un peu de plant. Le ver de hanneton en détruit aussi quelquefois: on peut empêcher le progrès du mal, en le cherchant au pied de la plante, comme je l'ai dit pour beaucoup d'autres.

DE L'IMPRIMERIE DE DEMONVILLE, RUE CHRISTINE N° 2.

TABLE

DES MATIERES.

Contenues dans l'École du Jardin Potager.

TOME I.

TOME III.

FIN DE LA TABLE DES MATIÈRES.

(*Mai* — 1822.)

NOTICE DES LIVRES

QUI SE TROUVENT

CHEZ RAYNAL, LIBRAIRE,

Rue Pavée-Saint-André-des-Arcs, n° 13;

A PARIS.

Nota. — Le même se charge de toutes commissions relatives à la librairie. Les demandes auxquelles ne seront pas joints les fonds nécessaires, ou un mandat à courte date sur Paris, seront regardées comme non avenues. Les emballages et ports de lettres seront portés en facture. Les prix des livres sont marqués brochés à l'exception de ceux marqués autrement.

OUVRAGES NOUVEAUX.

ÉTRENNES LIBÉRALES, pour l'année 1822, 1 vol. in-18 de 200 pages, imprimé sur très-beau papier fin, et orné d'un joli portrait, (celui de M. Dupont, de l'Eure), Prix : 2 fr. 50 c. et 3 fr. par la poste.

ÉTRENNES D'ÉCONOMIE RURALE ET DOMESTIQUE POUR 1822 contenant des anecdotes, des morceaux d'agriculture de morale, de médecine, de pharmacie, etc., etc. Prix : 1 fr. 25 c. et 1 fr. 50 par la poste.

PETIT COURS D'AGRICULTURE, ou MANUEL DU FERMIER, contenant un traité sur la physique agricole, la culture des champs, les animaux domestiques, les laiteries t la manière d'en utiliser les produits ; l'art vétérinaire, les différens modes de location, et la comptabilité d'une ferme. Par M. E. B. de Lépinois, membre de la Société d'agriculture de Provins, correspondant de la Société royale et centrale de Paris, et du conseil d'agriculture établi près du ministère de l'intérieur ; 1 vol. in-8°, 1821. Prix : 3 fr. 50 c. et 4 fr. 25 c. par la poste.

Cet ouvrage, classé méthodiquement, fruit d'une longue expérience, ne peut manquer d'être utile aux cultivateurs qui n'auraient pas toutes les connaissances préliminaires, et auxquels il manque souvent le temps nécessaire pour lire les ouvrages volumineux ; celui-ci leur offre l'extrait des choses indispensables à connaître.

Il consiste tout entier en faits et en préceptes, basés d'un côté sur l'expérience, et de l'autre sur une théorie dont l'application doit produire les plus grands avantages. La manière de préparer les terres, de les juger, de les travailler chacune en son temps ; les instrumens dont il faut se servir, les bestiaux qu'il convient le mieux d'employer, le soin qu'il faut prendre de ces derniers, les qualités requises pour en faire le choix, leurs maladies, les remèdes applicables ; tout s'y trouve recueilli avec ordre, précision et clarté. Un petit dictionnaire chimique, qu'on trouve à la fin du volume, aide beaucoup à la lecture, et sert à l'intelligence de la plupart des faits et moyens qu'il présente.

(Extrait des Tablettes universelles.)

PRATIQUE SIMPLIFIÉE DU JARDINAGE, à l'usage des personnes qui cultivent elles-mêmes un petit domaine contenant un potager, une pépinière, un verger, des espaliers, des serres, des orangeries et un parterre ; suivie de *l'Année du Jardinier*, ou travaux à faire pendant l'année dans un jardin. Par M. Louis Du Bois, membre de plusieurs académies françaises et étrangères, l'un des collaborateurs du *Cours complet d'Agriculture*, etc. ; 1 vol. in-12, 1821. Prix : 2 fr. 50 c. et 3 fr. par la poste.

Cet ouvrage, simplifié et très-élémentaire, renferme dans un petit nombre de pages tout ce qui concerne le jardinage, et peut diriger d'une manière éclairée toutes les opérations de cet art si intéressant. Il est tout-à-fait au niveau de la science, bien différent en cela de ces recueils volumineux, et toutefois incomplets, de vieilles doctrines, de faux préceptes et de bévues compilées sans goût et sans discernement dans des livres surannés. Ce petit traité est très-complet ; les matières y sont classées avec méthode, traitées avec clarté, et présentées dans un style simple et pur. On peut donc regarder cette *Pratique simplifiée* comme le manuel le moins cher et le plus complet que puissent se procurer les jardiniers ainsi que les amateurs de la culture des jardins.

MANUEL DU LIMONADIER, DU CONFISEUR ET DU DISTILLATEUR, contenant les meilleurs procédés pour préparer le Café, le Chocolat, le Punch, les Glaces, Boissons rafraîchissantes, Liqueurs, Fruits à l'eau-de-vie, Confitures, Pâtes, Esprits, Essences, Vins artificiels, Lochs, Juleps, Pâtisseries légères, Bierre, Cidre ; Eaux, Pommades et Poudre cosmétiques ; Vinaigres de ménage et de toilette, distillation de toutes les différentes espèces d'Eaux-de-vie, etc., etc., etc. Par M. Cardelli, ancien chef d'office du duc de ***. Un gros vol. in-18. Prix : 2 fr. 50 c.

Cet ouvrage est non-seulement un Manuel complet pour les limonadiers, confiseurs et distillateurs ; mais il sera très-utile aux parfumeurs, chefs d'office, aux bonnes ménagères ; et indispensable à toutes les personnes qui se font un devoir de confectionner et d'améliorer toutes les douceurs agréables à la vie.

LETTRES ÉCRITES DE WURTZBOURG sur les grands événemens qui y ont eu lieu en 1821, par M. E. G. Scharold, conseiller de légation, relatives aux cures opérées par le prince de Hohenlohe ; traduites de l'allemand par un curé du diocèse de Nantes ; suivies de plusieurs lettres inédites ; 1 vol. in-12. Prix : 75 c. et 1 fr. par la poste.

IDÉES SUR LE CODE RURAL, par C. J. L... ; ex-sous-préfet 1821, broc. in-8°. Prix : 1 fr,

(4)

Leçons d'un père a son fils, par M. Duval, ancien avocat. 1 vol. in-8°, avec une fig., 2ᵉ édit., 1821. Prix : 5 fr. et 6 fr. 25 c. par la poste.

Avec cette épigraphe :

Qu'il est heureux l'enfant qui possède un bon père !...
Où pourrait-il trouver un ami plus sincère !...

Cet ouvrage, intéressant sous tous les rapports, est le fruit de la tendre sollicitude d'un père vertueux et éclairé, qui annonce moins les prétentions d'un auteur que celles d'un guide prudent et sage. Le but de l'auteur est de préserver un fils, son unique espérance, des écueils dont la jeunesse est sans cesse environnée, et le conduire d'une main sûre dans le sentier de l'honneur et de la vertu. Une épître en vers simples, mais non dépourvus d'élégance, précède l'ouvrage, et en donne le plan ainsi que la conduite.

Enfance des grands hommes, dédié à l'adolescence ; 1 vol. in-18, 2ᵉ édit. Prix : 1 fr. 50 c. et 2 fr. par la poste.

Ce petit ouvrage, orné de six jolies figures, est propre à être donné en étrennes ; l'exécution en est très-soignée.

Dissertation sur cette question, proposée par la Société d'agriculture, sciences et arts, de Provins : Provins est-il l'agendicum des commentaires de Cesar ? par M. Barrau, docteur en médecine ; 1 vol. in-12, orné d'un plan de Provins ; 1821. Prix : 2 fr. et 2 fr. 50 c. par la poste.

Voyage a l'abbaye de la Trappe de Melleray, par M. Ed. Richer; 1 vol. in-18, 3ᵉ édit. ; 1821. Prix : 60 c. et 75 c. par la poste.

Ouvrages principalement sur le jardinage et l'économie rurale et domestique.

Art du taupier, ou Méthode amusante et infaillible pour prendre les taupes, suivant les procédés d'Aurignac ; par Dralet. Brochure in-8°, 1807 : 60 c.

Bon jardinier (le), alm. pour l'année 1822; par MM. Pirolle, Vilmorin et Noisette, avec planches ; 1 vol. in-12 : 8 fr.

Ͻ **Confiseur** (le) **royal**, ou l'Art du confiseur dévoilé aux gourmands ; contenant la manière de faire les confitures, marmelades, compotes, dragées, pastilles, etc. ; des instructions sur la destillation ; divers articles concernant l'office ; enfin des recettes d'économie domestique pour faire toutes sortes de vinaigres et les aromatiser, etc. ; par madame Utrecht-Friedel ; cinquième édit., Paris, 1818, 1 vol. in-12, orné de 3 pl. : 3 f.

Ì **École du jardin potager**, contenant la description exacte de toutes les plantes potagères, leur culture, les qualités de terre, les situations et les climats qui leur sont propres, leurs propriétés, les différens moyens de les multiplier, le temps de recueillir les graines, leur durée, etc., etc. ;

Ŀ *Suivie du Traité de la culture des Pêchers, par* **de Combles** : *sixième édition, mise en ordre, enrichie d'observations, précédée d'une notice sur De Combles et ses ouvrages, par* M. **Louis Du Bois**, membre de plusieurs académies et sociétés agronomiques de Paris, des départemens et de l'étranger ; l'un des auteurs du *Cours complet d'agriculture*, etc. 3 forts vol. in-12. Prix : 8 fr. et 10 fr. 50 c. par la poste.

Le Traité de la culture des Pêchers se vend séparément 1 fr. 50 c. et 5 fr. 80 par la poste.

ᴴ**École du jardin fruitier**, par M. Labretonnerie, dans laquelle on trouve l'origine des arbres fruitiers, les terres qui conviennent à chacun d'eux, le moyen de les leur approprier, et de corriger les plus mauvaises ; le choix de ses arbres, leur plantation et tranplantation, les pépinières, les différentes sortes de greffes, le temps et la manière pour les bien faire, la taille et les formes que l'on peut donner aux arbres fruitiers, le temps et la manière de les ébourgeonner, leurs maladies et accidens, etc. ; la culture particulière de chaque espèce, les usages et propriétés de leurs fruits et de leurs bois, enfin le journal de tous les ouvrages à faire dans le jardin fruitier pendant le cours de l'année. Nouvelle édition, corrigée et augmentée par l'auteur du Bon Jardinier ; 2 gros vol. in-12, de 600 et 700 pages ; 1808 : 7 fr.

ᴵ **Économie rurale**, traduction du poème du P. Vanière,

intitulé *Prædium rusticum* ; par Berland ; 2 vol. in-12, rel., 1756 : 8. fr.

FIGURES POUR L'ALMANACH DU BON JARDINIER ; 2ᵉ édit, augmentée de cinq planches : 1 vol. in-12, fig. noires : 3 fr.

Id., figures coloriées : 7 fr. 50 c.

FORÊTS (les) DE LA FRANCE ; leurs rapports avec les climats, la température et l'ordre des saisons, avec la prospérité de l'agriculture et l'industrie ; par M. le baron Rougier de la Bergerie ; 1 vol. in-8° : 6 fr.

GEORGIQUES FRANÇAISES, poème ; par M. le baron Rougier de la Bergerie, 1804 ; 2 vol. in-8° : 8 fr.

HISTOIRE DE L'AGRICULTURE FRANÇAISE, précédée d'une notice sur l'empire des Gaules, et sur l'agriculture des Anciens ; par M. le baron Rougier de la Bergerie, 1815 ; 1 vol. in-8° : 6 fr.

MAïS (le), OU BLÉ DE TURQUIE, apprécié sous tous ses rapports ; mémoire couronné par l'Académie royale de Bordeaux ; par Parmentier ; 2ᵉ édit., 1812 : 5 fr.

MAISON RUSTIQUE (la nouvelle) ; 3 vol. in-4°, fig. : 50 fr.

MANUEL DES PROPRIÉTAIRES D'ABEILLES ; par Lombard ; 1 vol. in-8° : 2 fr. 50 c.

PARFAIT (le) AGRICULTEUR, ou Dictionnaire portatif et raisonné d'agriculture, contenant les nouvelles inventions et découvertes faites dans cet art ; ouvrage rédigé d'après l'expérience et les avis des agriculteurs les plus célèbres, et les traités les plus modernes dans ces parties ; par Cousin d'Avalon ; 2 vol. in-12 : 5 f.

PARFAIT (le) BOUVIER, ou Instructions concernant la connaissance des bœufs et vaches, leurs âge, maladies et symptômes, avec les remèdes les plus expérimentés propres à les guérir ; augmenté de deux petits Traités pour les moutons et porcs, ainsi que plusieurs remèdes pour les chevaux ; par M. B... Nouvelle édit., 1 vol. in-12, 1819 : 2 f.

TAILLE RAISONNÉE DES ARBRES FRUITIERS, et autres opérations relatives à leur culture ; par Butret ; 1 vol in-8° 2 fr. 25 c.

TRAITÉ DE LA CULTURE DES ARBRES FRUITIERS, traduit

(7)

de l'anglais, de Forsyth ; 1 vol. in-8°, fig. : 7 fr. 50 c

Ouvrages divers.

AVENTURES DE TÉLÉMAQUE, fils d'Ulysse, par M. de Fénélon, archevêque de Cambrai ; édition très-correcte, à laquelle on a joint un Dictionnaire de Géographie ancienne et de Mythologie ; 2 vol. in-8°, avec 25 fig. : 8 fr.

CONSIDÉRATIONS PRATIQUES SUR LE TRAITEMENT DE LA GONORRHÉE VIRULENTE, et sur celui de la vér....; par M. Fréteau ; 1 vol. in-8°, 1813 : 5 fr.

DÉFENSE DE L'ORDRE SOCIAL contre les principes de la révolution française ; par J. B. Duvoisin. Nouvelle édition ; 1 vol. in-8° : 4 fr.

ESSAI D'UNE MÉTHODE GÉOLOGIQUE, ou Traité abrégé des roches, par M. Dubuisson, professeur et conservateur du Muséum d'histoire naturelle de la ville de Nantes ; etc. : 1 vol. in-8° : 2 fr.

FABLES DE FLORIAN ; 1 vol. in-18 : 1 fr.

FORMULAIRE magistral, et mémorial pharmaceutique; par Cadet de Gassicourt ; 4 édit., 1 vol. in-18 : 4 fr.

GÉOGRAPHIE de Gauthier ; 1 vol. in-18, cart. : 1 fr. 50.

GRAMMAIRE de la jeunesse, par Jégou, professeur du collége de Nantes ; 1 vol in-8°, 5e édit. : 2 fr.

GRAMMAIRE des Grammaires, ou Analyse raisonnée des meilleurs Traités sur la langue française, par Charles-Pierre Girault Duvivier; 4e édit., 2 vol. in-8°, 1819 : 15 fr.

GRAMMAIRE française, par l'abbé Gautier ; 1 vol. : 1 fr. 50 c.

LYCÉE OU COURS DE LITTÉRATURE ANCIENNE ET MODERNE, par La Harpe ; 17 vol. in-12, 1820. Prix : 36 fr.

MANUEL pratique des poids et mesures, des monnaies et du calcul décimal; par Tarbé ; 1 vol in-18 : 2 f. 50.

MANUEL DES MAIRES, de leurs adjoints, et des commissaires de police, contenant, par ordre alphabétique, le texte ou l'Analyse des lois, ordonnances règlemens, et instructions ministérielles, relatifs à leurs fonctions, et à celle des membres des conseils municipaux, des

(8)

officiers de gendarmerie, des bureaux de bienfaisance, des commissions d'hospices, etc., avec les formules des actes de leur compétence ; par M. Dumont, 7.e édit, entièrement refondue et considérablement augmentée; 2 gros vol. in·8° : 13 fr.

MANUEL DU CHASSEUR ET DES GARDES CHASSE; contenant un traité sur toutes les chasses, les lois, ordonnances de police, etc. ; par M. de Mersan ; nouvelle édit., 1 gros vol. in-18, fig. et musique : 3 fr.

Une nouvelle édition, entièrement refondue, de cet ouvrage, le rend aussi complet qu'un chasseur peut le désirer ; et, comme l'a dit un journal, rien n'y est oublié : avec ce volume l'on est chasseur consommé.

PHILOSOPHIE (de la) religieuse et morale dans ses rapports avec les lumières ; par M. Ed. Richer; 1 vol. in-8° : 1 fr. 25 c.

PHILOSOPHIE de la jeunesse ; 1 vol. in-18 : 75 c.

PRÉCIS historique, statistique et minéralogique, sur Guérande , le Croisic et leurs environs, précédé d'un Abrégé de l'Histoire de Bretagne jusqu'à la réunion de cette contrée au royaume de France, avec une carte de l'ancien territoire de Guérande; par J Morlant ; 1 vol in-8 : 2 fr. 50 c.

PROSODIE française, par M. l'abbé d'Olivet; simplifiée et augmentée par M. Charles François Lhomond, suivie de quelques observations grammaticales ; in-12 : 40 c.

REMARQUES sur la culture et le commerce intérieur du Bengale ; traduit de l'anglais, de M. Colebrook, par M. R ****, officier du génie ; 1 vol. in-8° : 2 fr.

TRAITÉ ÉLÉMENTAIRE SUR L'EMPLOI LÉGITIME ET MÉTHODIQUE DES ÉMISSIONS SANGUINES DANS L'ART DE GUÉRIR, avec application des principes à chaque maladie ; par M. Fréteau ; 1 vol. in-8°, 1816 : 5 fr.

VOCABULAIRE (Nouveau) français, de Wailly 10.e édit., 1 vol. in-8° : 7 fr.

VICTOR ET AMILIE, poème en quatre chants, suivi de poésies diverses; par Ed. Richer; 1 vol. in-18 : 1 f. 25.